JN189157

ロータリーエンジンの20年

開発初期の経緯とその技術的成果

大関 博 監修

柴中 顕　　本田泰夫
磯村定夫　　船本準一
田窪博一　　山本修弘

東洋工業（マツダ）による1ローター400ccの試作第1号ロータリーエンジン

グランプリ出版

本書復刊に関して

　本書『ロータリーエンジンの20年』は，1982年（昭和57年）に弊社で編集・刊行したものである。

　内容的には，実用化は不可能ともいわれていた自動車用のロータリーエンジンを開発したマツダの技術者達の開発の軌跡で，ほとんど前例のないロータリーエンジンの開発が困難をきわめたこと，またその困難を克服してゆく経過なども担当当事者によって語られた技術開発への挑戦の記録でもある。

　世界各国の多くの自動車メーカーもかつてロータリーエンジンの開発に挑んだが，完成に至らずその後撤退し，マツダが唯一のロータリーエンジンの量産メーカーになった。この世界唯一ともいえる，ロータリーエンジンの開発史は，すでに半世紀前のことであるが，日本独自の技術として国内外で高く評価されている。このたびこの貴重な技術史を後世にも語り継ぎたいという思いで，本書を復刊することを企画した。

　復刊にあたり，監修者の大関博氏に，内容のご確認をお願いし，ロータリーエンジンの開発において手腕を奮った達富康夫氏には，当時の回想も含めた巻頭言「山本健一さんを偲んで」を新たにお寄せいただいた。

　なお，本書をお読みいただく際には，本文は文章や図版，写真などの資料も含め，すべて1982年時点で編集されていることをご理解いただきたい。

2018年　グランプリ出版　小林謙一

山本健一さんを偲んで

達富康夫

　夢のエンジンとまで言われたロータリーエンジン（以下RE）であるが，東洋工業（現在のマツダ）の松田恒次社長が西ドイツに飛び，NSUバンケル社との仮契約を結んだのが1960年10月のことである。そして翌1961年からの助走期間を経て，1963年4月にRE研究部が発足し本格的な開発が始まった。1960年代当時，自動車業界は再編成が必要との通産省方針を受けて企業存亡の危機を感じ，オーナーとして企業存続価値を高めるためRE開発に賭けた松田恒次社長の決断に対し，RE開発責任者を命じられた山本健一さんは，社長の思いを理解しつつも，欠陥を指摘されていたRE開発について，恐らく複雑な気持ちであったと推察する。

　松田恒次社長の決断，その意図を痛いほど理解した山本さんの覚悟をベースに，文字通り死に物狂いでのRE開発の挑戦が始まった。RE研究部発足時のメンバーは丁度47名であった。そのメンバーを前にしての山本さんの研究部発足時の挨拶「今後我々は色々な困難にめげず，寝ても覚めてもREの開発に取り組む覚悟を持ってもらいたい。メンバー47名はあの赤穂浪士四十七士の……」との話しは広く知られているところであるが，今振り返ってもその後の困難に対する山本さんの悲壮な気持ちと覚悟を感じる次第である。

　その気持ちと覚悟が，山本さんのRE開発におけるカリスマ的リーダーシップ

ロータリーエンジン研究部長時代の
山本健一さん。

1963年4月に47名で発足したロータリーエンジン研究部。

として現れ，さらに後のルマン優勝の記念として三次市郊外のマツダテストコース内に建てられた記念碑にも，"飽くなき挑戦"という山本さんの言葉が，企業にとり一番重要なこととして刻まれている。

REの開発は決して順風満帆ではなく，苦しみ・挫折・不安の連続であったが，それを山本部長のリーダーシップと励ましを糧に，四十七士が勉強・工夫・執念の下に諦めることなく次々と克服していったからこそ，また松田恒次社長の決断と山本さんの覚悟を理解して頂いた多くの部品メーカーの方々の協力があったからこそ，RE開発成功の扉が開かれたのであると思う。

RE開発成功の恩恵は必ずしも技術的なものだけではない。マツダのあらゆる部門に優秀な人材が集まり，特に開発・生産・材料等々に関連する技術分野において，"困難や難問に挑戦する風土"を確立したことはマツダにとってかけがえのない財産となり，マツダ発展の原動力となって来た。今後もその風土はマツダらしさとして生き続けるだろう。当初松田恒次社長が意図したことが成し遂げられたことに疑いはない。

どの企業でも，企業最優先課題にさえ全社員が賛同しているとは限らず，必ず何らかの根拠を持った慎重派が存在するものである。しかしREに携わる部長を始めとする全員が，清濁併せ呑むが如く慎重派の抵抗を苦にせず，開発に邁進し

1961年11月, NSUから最初に送られて
きたKKM400型ロータリーエンジン。

NSU本社で会議にのぞむ松田耕平副社長,
山本健一さんら一行。1963年1月。

たからこそ築き上げられた財産だと思うし, 慎重派の方々にも今は理解いただい
ているものと信ずる。

　山本健一さんといえば, 一般に「カリスマ的で怖い人」というイメージで語ら
れることが多い。人一倍勉強し, 種々の難問に対して自らがお手本を示すように,
それこそ寝ても覚めても考え, 工夫し, 確固たる信念と説得力のある山本部長に
対して, 簡単に対抗できる人は少なかった。しかし普通の人ならばバカにするか
も知れない突飛なアイディアでも, その人が真剣に考え提案したものなら「よし!
試してみよう」と言われる, 技術屋にとって掛替えのない上司であったし, それ
だけに皆が寝食忘れて取り組むことができたのだと思う。

　以下, 私が実際に山本さんと対応した話をいくつかご紹介しておきたい。
　"悪魔の爪痕" と言われたチャターマークが, アペックスシール (ローターの頂
点シール) の自励振動によるものかも知れないとの進言を受けて, シールの固有
振動を変えることはできないかとの山本さんからの要請に, 私が「それではアペ
ックスシールに穴をあければ良いじゃないですか」と応えたとき, 周りの反論を
他所に「作ってみろ」と試作を許可してもらった。そのため従来1.6mm幅だった
シールを4mm幅に拡大し縦横の穴をあけ, 結果見事にチャターマークを克服で
きた。後にこのシールは山本さんにより "クロスホロー" と命名されている。そ

東洋工業が1961年に初めて試作した
400cc シングルロータリーエンジン。

コスモスポーツに搭載された491cc ２ローターの
10A型エンジン。初の市販エンジンとなった。

の後アペックスシールの開発はさらに進み，アルミニュームを含浸したカーボン
シールによりコスモスポーツの生産が開始された。

　"カチカチ山のタヌキ"という仇名までつけられたオイル消費と排気管から出る
煙に対しては，ローター壁面に設けたオイルシールを200種類近くも試作をして苦
労したが一向に目途が立たない。最後は半ばやけくそでゴムを使うしかないと考
え私が提案したが，周辺からはバカにされダメ出しされた。山本さんの「やって
みないと分らんじゃないか」との一言が無かったら，タヌキ退治はできていなか
ったかも知れない。

　REはトロコイドと呼ばれるシリンダーの中で，ローターと呼ばれるおむすび型
のピストンが遊星運動をしているが，そのためサイドハウジングに取り付けられ
た固定ギアと，ローター側面に取り付けたローターギアで構成される"遊星歯車
機構"が必要になる。RE開発の初期の話であるが，固定ギアが破損し，ローター
の遊星運動ができなくなり，ローターがトロコイドを割って飛び出す，まさに"お
むすびコロリン"という笑えない問題があった。ギアの破損は，燃焼によるロー
ターの微振動にギアが耐えられなくなるのが原因であったので，ギアの材質や焼
き入れを変えて種々試みたが解決しない。それなら「振動を吸収できるようバネ
でギアを止めたらどうだろう」と提案し皆に笑われたが，山本さんの「どうやっ
てバネで止めるのか」に勇気づけられ考えた末，それまでボルトで固定されてい

たローターギアをスプリングピン（割りピン）で止めることによりこの問題は解決した。この問題は余りにも簡単に解決したので，恐らく種々の記録にも載っていないしあまり知られていないと思う。

　山本さんの人となりがわかるエピソードをさらに2つ，ご紹介したい。

　REの排気ガス対策が困難を極めたことはよく知られているところであるが，一般のレシプロエンジンが触媒での対策を模索し始めた頃，レシプロの何倍もHC（ハイドロカーボン）の多いREは当初触媒での対策は無理で，サーマルリアクター方式での開発を行なった。その結果として，1969年，数年後に予定されていた非常に厳しい米国排ガス規制マスキー法に対して，「REならクリアー出来る」と，世界でいち早く山本さん自らの口でEPA公聴会における公言をして頂くことができた。

　当時私はRE排ガス対策の開発リーダーだったが，対策の柱であるサーマルリアクターの構造については，山本部長と意見が真っ向から対立し，大激論を展開した。技術的な内容は避けるが，私も担当者として吟味に吟味を重ねた構造を断念する訳にはいかなかった。1時間以上もの激論にたまりかねて「そこまで言われるのでしたら，多分失敗でしょうが，部長のおっしゃる構造でやってみましょう」と開き直ったところ，「何だ，その言い方は！」と怒鳴られ，半ば喧嘩別れの

1963年10月、東京モーターショーの帰途に2台の試作コスモスポーツに乗った松田恒次社長と山本さんは、協力会社や販売会社を訪問した。写真はその後無事本社に到着したところ。

ような形で席に引き上げた。ところがものの5分もしないうちに山本さんが私の席まで来て、「さっきの話だが、よく考えてみると君たち直接の担当者が考えに考え抜いた構造だから、やっぱりその方が正解だろう。君の考えでやってみよう」と言ってくれたのである。胸にジンを来るものを感じた。改めて「この人になら、どんな苦労をしてもついていける」と思った次第である。

つづいて、山本さんが1984年に社長、そして1987年に会長をされていた頃のモータースポーツ活動（以下MS活動）に関わる話である。山本さんに何かの報告をした際、MS活動に対する意見を求められたことがある。山本さんの意図は、大金を使ってもあまり成果の見られないものを果たして行うべきかという、経営者としての判断の参考にされたかった様子だった。当時私もMS活動に関連するMS委員会のメンバーではあったが、有益な意見を具申することができず、「まあ、ゆっくり考えといてくれや！」との山本さんの言葉を後にして、しばらくそのことを忘れていた。

1986年、私は開発全体をコーディネートする商品企画開発本部の責任者になり、MS活動をきっちりやるなら単なる委員会制度ではなく、量産車の開発と同じように全社体制で協力するような主査制度でやるべきと経営会議で答申した。そのような体制にさせてもらい、MS活動のさまざまな実情も知ることとなった。特に、大金を使うルマンに対しては、参加するべきか否か、社内は賛否両論、意見が分かれていた。

REの設計のメンバーと話し合っているRE研究部長時代の山本さん。右は2代目RE研究部長となる黒田堯さん。

1991年のルマン優勝を記念した社内イベントで、優勝した787Bの55号車にシャンパンをかける山本さん。

　私が初めてルマンに行ったのが1989年，その実態を見て「本気でルマンに参戦するなら勝てるような体制で臨まなければ人々の共感は得られない。そうでなければ大金を使う価値はなく止めた方が良い」と経営会議で訴えた。その時山本さんはすでに会長になっておられたが，私を全面的にバックアップして頂けただけではなく，1990年までとされていたREのルマン参戦を次年度も参加できるようにACO会長のジャン・M・バレストル氏に直接訴えて頂いた。

　1991年はREでルマン優勝というドラマティックな結果が得られたが，忘れていた山本さんへの答えができたばかりではなく，思い出に残る贈り物ができたと思っている。

　RE開発の苦労の中で，我々は山本さんから「開発は，結果は当然だがプロセスが重要なのだ。なぜそのように考えたのか，何に失敗しどう克服したのかを後世に残してこそ真の開発といえる」と言われてきた。そのおかげでRE開発の経緯はメンバーの手により種々の形で記録され，RE調査課を中心に，貴重な歴史として保管されるようになっていた。本として出版された記録もある。大半がマツダ社内を主とするマツダ関係者向けのものだが，このRE開発の記録を集大成し，世間一般の方も広く知ることができるように発刊されたのが，1982年発刊のグランプリ出版『ロータリーエンジンの20年』，また1988年発刊の第一法規出版株式会

「飽くなき挑戦」の文字が刻まれた石碑。1991年のルマン優勝を記念して三次試験場内に建てられた。

社『日本の技術』などの技術書である。

　この度，グランプリ出版から，すでに絶版となっていた『ロータリーエンジンの20年』を再版したいとのお話を頂き，若い人達への道標として歴史を残し，技術開発の糧として温故知新の役に立てて欲しいという思いで共感し，山本健一さんを偲ぶ思いを込めた巻頭言を綴らせていただいた次第である。

　RE研究部発足後，1967年に世界初の2ローターREを搭載したコスモスポーツの生産販売を開始して以来，昨年2017年でちょうど半世紀（50年）となった。REの生みの親を西ドイツのバンケル博士とするなら，RE育ての親は山本健一さんであろう。その山本さんのご逝去は残念に思えて仕方がない。

　今後REがどのような道を歩むかは，山本さんはもとよりすでに我々の手を離れ，後輩であるマツダ現役の人達の手に委ねられている。しかし山本さんが推し進めた，ありとあらゆる困難な課題に対する"飽くなき挑戦"の姿勢は，マツダらしさとして今後も貫いて欲しいと切に願う。

達富康夫氏略歴
大阪大学機械工学部卒。1961年に東洋工業（現マツダ）入社。RE開発のため設定された発動機設計課第1設計係に配属された後，1963年4月に発足したRE研究部に再配属されロータリーエンジンの開発に心血をそそいだ，いわゆる「四十七士」の一人。
エンジン設計部部長，商品開発本部長などを歴任したのち1991年常務取締役，1996年専務取締役。1997年から2000年まで，マツダ産業社長。

まえがき

　日本でロータリーエンジンが研究開発されはじめて20年が経過した。世界の各地で，ロータリーエンジン搭載車RX7が圧倒的な人気で乗り拡げられ，モータースポーツ界でも主要イベントで，ロータリー車は破竹の勢いで次々と実績を残しつつある。従来のエンジンとはまったく異なる新エンジンも今や，まぎれもなく個性あざやかな魅力製品として普及定着しつつある。

　革新的なエンジンであるが故に期待が大きい反面，実用化への疑問も多く世界の有識者の賛否両論が飛びかう中に，このエンジンを信じ，己を信じてこの未知のエンジンの研究に突入し，今なお執拗に開発を続行している東洋工業には，どんな狙い，戦略があったのか？　夢のエンジンとしての魅力の陰に，どんな難題がひそんでいて，どのように解決されたのか？　レシプロエンジンがターボ化，DOHC化そして4バルブ化と，にわかに高性能化を指向しはじめた中で，その元祖とも言うべきロータリーエンジンは何をしようとしているのか？どんな可能性を秘めているのか？

　ロータリーエンジンをめぐる謎は昔も今も興味はつきない。生まれて20年たったロータリーエンジンも，内燃機関としての一角を占めるまでに成長してきた。ここで，生いたちからその性格，そして育ち盛りでのエピソードに加えて，将来の成長の可能性等々のロータリーエンジンの秘密を語ろう。ロータリーエンジンを愛する人々のために。そして今興味を抱いている人々のために。

大関　博

目　　　次

第 1 章
ロータリーエンジンの概要と基礎知識

ロータリーエンジンはロータリーピストンエンジンとも呼ばれ，西独のフェリックス・バンケル博士（Felix Wankel）がNSU社と共同して実用化への道を切り開いた。その開発は苦闘の連続であり，量産に至るまでには多大の年月を要している。本章では，ロータリーエンジンが誕生してきた背景と，先駆者が考案した数々の回転機構のアイデアの概要とその歴史について，振り返ってみたい。

1. はじめに

　1981年は，日本でロータリーエンジンが研究開発されはじめて20年目にあたる。この年の秋，フランスで行なわれたロータリーエンジンの国際会議は，あの有名な大科学者ガリレオ・ガリレイが周囲のあらゆる迫害にも耐えて，己の信念を貫ぬくために言い残したと伝えられる，「それでも地球はまわる」という言葉がキャッチフレーズとして使われ，参加者の感動を呼び起こした。

　この言葉の中の「地球」を「ロータリーエンジン」に置き換えて考えると，350年前の言葉が急に深い意味を含み，光を放ちはじめるから不思議である。ロータリーエンジンの開発は決して順風満帆でなく，むしろ常に難題に遭遇し，今度は解決への見通しあるまいと世の中の人々に思われ，幾度となく存亡の危機に直面してきた。そのつど技術者達は，「ねてもさめても！」「技術でたたかれたものは技術で返せ！」などの合言葉で，懸命の努力を重ね新しい技術で問題を乗り越えてきた。

　今後も決して将来が確約されている訳ではなく，少しでも努力を怠れば，伝統あるレシプロエンジンの前に多勢に無勢，たちまちのうちに蹴落され，忘れ去られる運命にある。現に一時は，世界の有力自動車メーカーがこぞってロータリーエンジンの研究開発の名乗りをあげ，その会社の総力をあげて実用化に挑戦していたが，実用化への道が意外にきびしく技術的に相当困難だと判ると，一人去り二人去り，何と今や自動車用ロータリーエンジンを精力的に研究開発し，そして実用化しているのは日本の東洋工業のみとなっている。つまり，やはりピストンが往復運動をくり返すエンジンが圧倒的に多いのは，まぎれもない事実である。ロータリーエンジンは果たしてまわり続けられるだろうか？

　しかしRX 7に代表されるロータリーエンジン車は，過去のいろいろな事情とは無関係に，世界の各地で好評のうちに拡販され，1981年には累計販売台数が120万台に達した。まったく新しい機構の異なるエンジンが，これだけの量で拡がっ

たことは何を意味するのか？　「ロータリーフィーリング」に筆舌につくし難い魅力や快感があるのか？　ロータリーエンジンならではのスタイルがたまらない魔力を持っているのか？　信頼性を含めた高い次元での車としてのバランスが良いのか？

　一方，モータースポーツ界におけるロータリーエンジン搭載車は日本をはじめ，アメリカ，ヨーロッパへとその輪を拡げ，世界の三大レースであるデイトナ，フランコルシャン，ルマンへ出場し，輝かしい成績を収めるまでに成長してきた。高性能，高い信頼性という，ロータリーエンジンの素質の良さがここで証明されつつある。

　ともあれ20年は幾多の試練の連続であった。しかし人間で言えば成人式を迎えたばかりであり，レシプロエンジンの200年の歴史にくらべればまだまだ青二才であろう。キラリと光るあざやかな個性を持った育ち盛りの青年とも言えよう。成人式にのぞんで抱くあの希望と自覚，そしてちょっぴり不安な複雑な心境をまじえながら，この青年の生いたち，努力のあとを紹介すると共に，現在の潜在能力，未来への抱負などを述べてみよう。

2. ロータリーエンジンの歴史

　ロータリー式（回転式）機構のアイデアは今からおよそ 400 年も昔にその端を発する。その時以来，考案され続けてきた動力機械の多くは，作動から考えた発想が自然であって，しかも構造が比較的簡単な回転運動部分から成るロータリーピストン機構であった。しかし，そのアイデアの多くは気密性や耐久性まで十分に考慮したものでなかったり，形状や作動に無理が多かったりしたため，ピストンの往復運動をクランク機構によって回転運動に変える，往復ピストン機構のほうが先に実用化された。そして，18 世紀の蒸気機関から導かれたレシプロエンジンは，自動車用エンジンとしてたゆみない研究・開発が続けられ現在の隆盛をみ

るに至っている。

　しかし，レシプロエンジンには次に示すような構造上の問題がある。

　(1)往復運動部分を持つため振動・騒音が大きく，高回転になるほど出力のロス
　　が大きい。

　(2)クランク機構を持つため，出力のわりに重量が重く，また占拠スペースも大
　　きい。

　(3)吸排気のバルブ機構を持つため，機械騒音が大きく，部品点数も多い。

といった，大きく分けて3つの問題である。

　これらの問題を克服し，吸排気バルブ機構を持たず，出力を直接回転運動とし
て取り出すロータリーエンジンの着想は，より優れたものを目指す多くの発明家
や技術者たちの集結された発想であった。そして，彼らによってポンプや圧縮機
用のロータリー機構に始まり，これらを発展させたさまざまなロータリーエンジ
ンが開発され，数々の難問が解決された結果，今日あるロータリーエンジンが誕
生するに至った。

　ロータリーエンジンの歴史はイタリアの技術者ラメリーによって門戸が開かれ
た。その形状と作動は現在東洋工業が量産している，いわゆるバンケル型エンジン
とはかなりの点で異なっているが，回転機構であるという基本構造は一致してい
る。

　ここにロータリーエンジンの開発の歴史を年代順に振り返って紹介する。

(1)　ラメリーのロータリーピストン式揚水ポンプ

　1588年，ラメリー（Rammelli）がロータリーピストン式揚水ポンプを発明（図
1)。円形のハウジング内で，円形のローターが回転する。ローター内にはその回転
に伴い半径方向にすべり動くシールが1個組み込まれており，ローターの回転に
つれて往復運動をする。このシールを境に作動室が2つ形成され，ローターの回
転と共に容積が変化する。

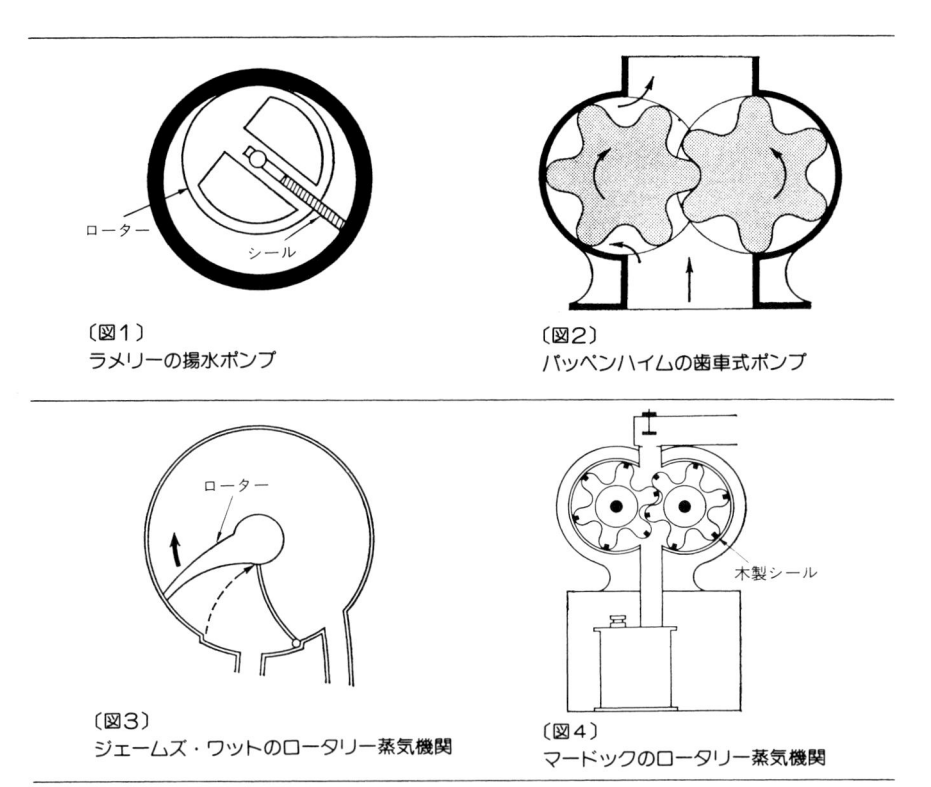

〔図1〕
ラメリーの揚水ポンプ

〔図2〕
パッペンハイムの歯車式ポンプ

〔図3〕
ジェームズ・ワットのロータリー蒸気機関

〔図4〕
マードックのロータリー蒸気機関

(2)　パッペンハイムの歯車式ポンプ

　1636年，パッペンハイム（Pappenheim）が歯車ポンプを発明。このポンプは単純な回転運動のみを行なう最初の自転ピストン機械であり，今日でも自動車用オイルポンプなどに広く使用されている。パッペンハイムは水車を用いてこのポンプを動かし，ローマをはじめその他の諸都市でいわゆる人工の滝，噴水などを作動させた（図2）。

(3)　ワットのロータリー蒸気機関

　1759年，ジェームズ・ワット（James Watt）が最初のロータリー蒸気機関を

発明した（図 3）。蒸気圧を直接翼形をしたローターの回転力として取り出す機関を考案したが，シール部からの洩れ止めが不十分で実用化はできなかった。往復ピストン機関の分野におけるワットの発明のすばらしさは，並の尺度では測れないほど偉大なものであったが，回転ピストン機関においては，パッペンハイムの理論をわずかに発展させたにすぎなかった。

(4) マードックのロータリー蒸気機関

1799 年，マードック（Murdock）がロータリー蒸気機関を発明。ワットの共同研究者であったマードックは，ハウジングとローターとの間の気密性を改善するため木製のシールを考案した。その結果，機械作業用や給水ポンプ用の動力を得ることには成功したが気密性と耐久性が十分ではなかった（図 4）。

(5) ガロウェイの原動機

1846 年，ガロウェイ（Galloway）が膨張室を持った原動機を発明。内側の 5 枚の歯を持ったローターと外側の 5 個の歯形の凹みを持ったハウジングは 1：1 の比で組み合わさって作動する。この機関は船用原動機に用いられ 16 馬力を出すことができたが，ハウジングとローターとの間に特別なシール装置を用いていなかったため蒸気の利用効率が低かった（図 5）。

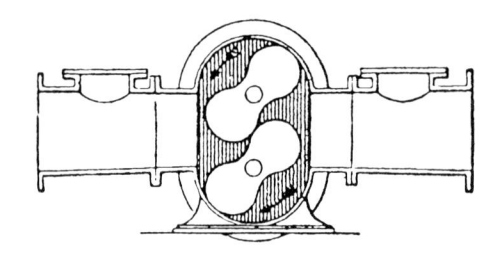

〔図5〕
ガロウェイの原動機

〔図6〕
ジョーンズの石炭ガス圧縮機

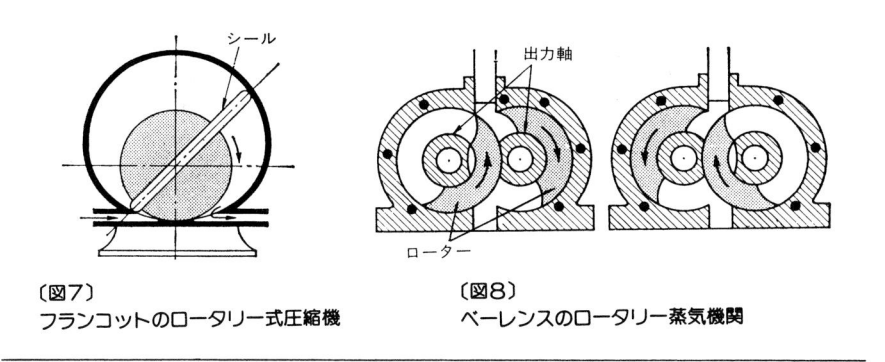

〔図7〕
フランコットのロータリー式圧縮機

〔図8〕
ベーレンスのロータリー蒸気機関

(6)　ジョーンズの石炭ガス圧縮機

　1859年，ジョーンズ（Jones）が石炭ガス圧縮機を製作。パッペンハイム型機構であるが，ローターの歯数を2枚に減らしてガスを取り入れる容積を増やし，多量のガスを送り出すことに成功した（図6）。

(7)　オルダムとフランコットのロータリー式圧縮機

　1860年，オルダム（Oldham）とフランコット（Franchot）がロータリー式圧縮機を製作。ラメリーの揚水ポンプ同様，シールがローター内で往復運動する。作動室を形成するハウジングの内面に，初めてペリトロコイド曲線（第2章参照）が用いられた（図7）。

(8)　ベーレンスのロータリー蒸気機関

　1867年，ベーレンス（Behrens）が気密を改善したロータリー蒸気機関を製作。固定出力軸の一部に，ハウジング内壁の円弧に対応する凹みが設けてあり，ローターはこの部分に接触して回転する。シールの方式を従来の線接触から面接触タイプに変えたため気密性が向上し，この原理によるウォーターポンプや蒸気機関は，当時まだ利用できなかったほどの高い圧力で運転させることができた（図8）。

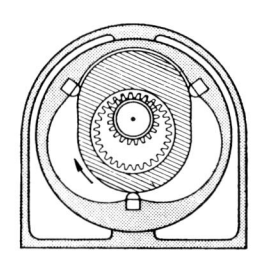

〔図9〕
クーレイの
ロータリー
蒸気機関

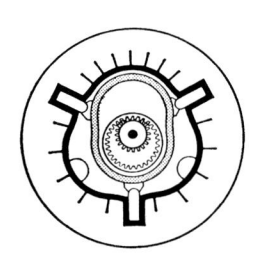

〔図10〕
ウンプレービイの
ロータリーエンジン

(9)　クーレイとウンプレービイのロータリー蒸気機関

　1901 年，クーレイ（Cooley）が内外の 2 つのローターが回転するロータリー蒸気機関を製作。内側のローター外形にはペリトロコイド曲線を，外側のローター外形にはその外包絡線（第 2 章参照）を用いている。また，シール片を外側に設けて 3 つの作動室を形成している。

　また，1908 年，ウンプレービイ（Umpleby）がクーレイの蒸気機関をロータリー式内燃機関に発展させた。

(10)　ワリンダーとスクーグのロータリー式内燃機関

　1923 年，ワリンダー（Wallinder）とスクーグ（Skoog）が 2 人で共同研究したロータリー式内燃機関を発表。ハウジング内壁の形状としてハイポトロコイド曲線を，そして五葉の星形ローターの外形としてその内包絡線を用いたものであり，2 サイクルまたは 4 サイクルの内燃機関として作動する。

(11)　ラブーのロータリー式内燃機関

　1938 年，サンソー・ド・ラブー（Sensaud de Lavou）がロータリー理論をさらに進展させたエンジンを考案した。このエンジンは，ローターが回転する時に吸排気ポートを自動的に開閉するため，吸排気バルブを必要としない。作動は 4 サイクルの内燃機関と同じであるが，気密，潤滑や冷却などが十分でなく実用化には至らなかった。

⑿　マイラードのロータリー式圧縮機

　1943年，マイラード（Maillard）がロータリー理論を発展させた圧縮機を考案した。ローター外形にハイポトロコイド曲線を，ハウジングの内壁にその外包絡線を用いた圧縮機である。彼はこの圧縮機の理論をエンジンへ応用する研究を続け，ロータリーエンジンの幾何学的解析の面で大きく貢献した。

⒀　バンケルのロータリー式圧縮機，ロータリーエンジン

　1951年，バンケル（Wankel）がロータリー圧縮機を製作した。過給機用としてNSU社の二輪車に搭載し，アメリカで時速195.2kmというスピード記録を樹立，

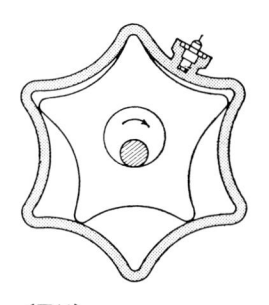

〔図11〕
ワリンダーとスクーグの
ロータリーエンジン

〔図12〕
サンソー・ド・ラブーの
ロータリーエンジン

〔図13〕
マイラードの
ロータリー式圧縮機

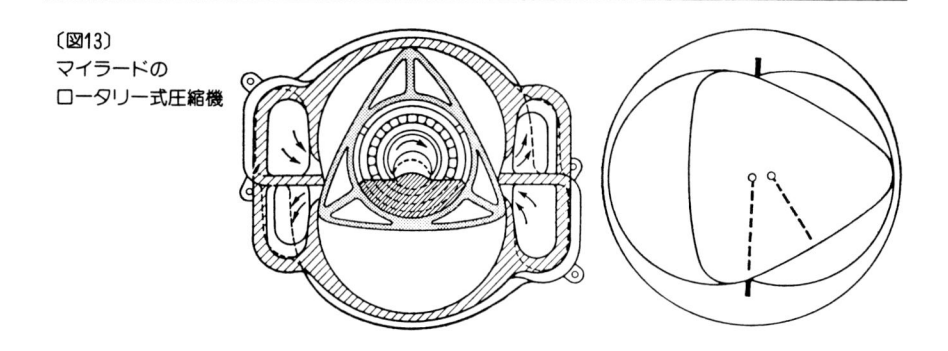

高性能ぶりを発揮した。また1959年，NSU社との共同研究により（250cc×1ローター）のロータリーエンジンを開発，このエンジンは100時間の耐久テストにも耐えることができた。

　1962年には同じくNSU社が150cc×1ローターの水冷式ロータリーエンジンを完成し水上スキーけん引用ボートに搭載し発表している。

　1963年，東洋工業は400cc×1ローターのバンケル型ロータリーエンジンを完成し，そのエンジン単体と部品を東京モーターショーに初出品した。そして翌1964年にはNSU社が497.5cc×1ローターのバンケル型ロータリーエンジン搭載のスポーツカー『スパイダー』を発表。ロータリーエンジン搭載車の市販第一号となった。

　1967年，東洋工業が491cc×2ローターのバンケル型ロータリーエンジンをコスモスポーツに搭載し発売した。

　以後，バンケル型ロータリーエンジン搭載車の普及が拡大し，市場の要求に適した開発や，クルマにマッチングさせた商品性アップを行ない現在に至っている。

〔図14〕
250cc×1ローターエンジン
（西ドイツNSU社）

　こうしてロータリーエンジンの歴史を振り返ってみると，バンケル型ロータリーエンジンが実用化されるまで，数多くの形式のロータリーエンジンの試みが失敗に終わっている。これは内燃機関として要求される基本的事項，たとえばガス交換が確実であること，作動室内のガスシールが確実であること，潤滑や冷却が確実であることなどの必要条件が満足されていなかったからに他ならない。

　数あるロータリーエンジンの中で内燃機関としての基本的な諸条件を満足し，しかも近代の工業化における必須条件としての大量生産が技術的にも可能なロータリーエンジンは，現在のところバンケル型ロータリーエンジンしか存在していない。

3. バンケルエンジンの登場

(1)　バンケル博士の生い立ちと着眼

　1902 年 8 月 13 日，フランスとスイスの国境に近い，ドイツのシュバルツバルトで一人の男の子が産声を上げた。彼こそ，人類の夢でしかないとまで思われていたロータリーエンジンの生みの親と言っても過言ではないフェリックス・バンケルである。彼は幼少の時から飛行機，機関車などの動力に非常な興味をもっていた。22 才になって，エンジン技術者になりたいという情熱に燃えていた彼は，自分の好きなエンジン研究のために，作業場と言ったほうがふさわしいほど小さなものではあるが，研究室を作りそこで本格的なエンジン研究に着手した。

　彼は，1923 年からの 10 年間，研究室でエンジン燃焼室の気密の問題と闘った。そして，回転式やしゅう動式のいろいろなバルブ機構について優れた成果をあげ，これをもとに円盤型エンジンを開発した。

　1936 年，彼はドイツ航空研究所での研究に参加し，政府の援助を得て工業技術研究所を設立した。ここで彼は，研究・開発する一方で，回転運動部分のみによって構成されるというロータリーエンジンの原理に強い興味を抱いて研究にとり

〔図15〕 フェリックス・バンケル博士

かかってもいた。そして，気密機構を応用して最初のロータリーバルブ型航空機用エンジンを開発した。このエンジンはドイツ軍の急降下爆撃機ユンカースに搭載されて第2次世界大戦で活躍したが，ドイツの敗戦のため，彼の開発成果は全て連合軍に没収され，手もとには何も残らなかった。それでも，彼のロータリーエンジンに対する熱意は少しも変わらず，むしろ今までにも増して研究が続けられた。彼の専門は気密に関する分野であり，そこからバルブの作動の問題に発展していった。彼は過去に考案，研究されたロータリーエンジンを詳細に分析し，その結果，それらが内燃機関としての本質に対する配慮が十分になされていないことを明らかにした。そして内燃機関として成立する必須条件として，次の項目を上げた。

1) 全ての運動部分が回転運動をする。
2) 作動室内のガスシールを確実にする。
3) 吸排気の適正なガス交換を確実に行なう。
4) 構成部品全てに高速，高圧に耐え得る十分な強度と耐摩耗性を与える。
5) 十分な冷却と潤滑を行なう。

また，実用的ロータリーエンジンとしては構造が簡単で，かつ，コンパクトで

あることが望ましいことは言うに及ばない。以上のことにより，彼はローターとハウジングの間の気密の問題から着手した。

(2)　NSU 社の協力で完成

　1951 年になると，彼の前に技術面でも資金面でも大きな支援者が現われた。それはロータリーエンジンの原理とバンケルの研究にいち早く注目していた西ドイツのメーカー，NSU 社であった。(注：NSU 社は 1969 年 8 月にアウディ社と合併，アウディ NSU 社となり，現在はフォルクスワーゲン・アウディグループの一員である。) 同社は当時，世界的に有名なオートバイメーカーであり，より高速型のエンジンを開発し，また 4 輪車への本格的な進出を考えていた。彼はこの NSU 社と技術提携し，最初は圧縮機とエンジンという二つの方向で，双方協同して研究・開発を進めた。

　そして彼は 1958 年に現在のロータリーエンジンの形である，まゆ形のハウジングとおむすび形のローターから構成される，いわゆる NSU-バンケル型ロータリーエンジンを完成した。

(3)　バンケルエンジンの基本構造と作動原理

　バンケルエンジン，すなわち NSU-バンケル型ロータリーエンジンの基本構造を図 16 に示す。

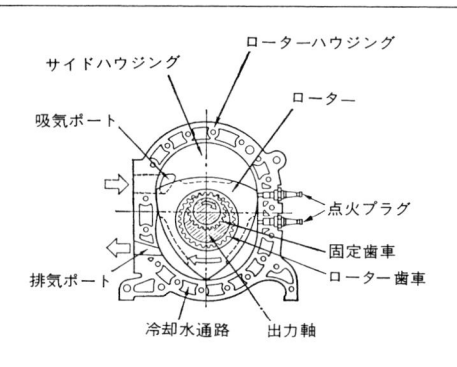

〔図16〕
NSU-バンケル型
ロータリーエンジンの基本構造

サイドハウジング
ローターハウジング
吸気ポート
ローター
点火プラグ
固定歯車
ローター歯車
排気ポート
冷却水通路
出力軸

　ローターハウジングは内壁面がまゆ形をしており，その中で三角おむすび形の
ローターが遊星運動を行なう。ローターハウジングとサイドハウジングはレシプ
ロエンジンのシリンダー，シリンダーブロックに相当し，ローターはピストンに
相当する。

　ローターの遊星運動を制御する位相歯車として，ローターとサイドハウジング
には歯数比3：2のローター歯車と固定歯車が取付けられている。ローター歯車と
固定歯車とがかみ合って回転するとき，ローターの頂点はローターハウジングの
基本曲線（内壁面）であるペリトロコイドの軌跡を描いて転動する。すなわち，
ローターの3つの頂点は絶えずローターハウジングの内壁面と接触していること
になり，ローターハウジングの両側にサイドハウジングを配することによって弓
形の作動室が3つ形成される。作動原理については図18に示す。レシプロエンジ
ンもロータリーエンジンも混合気を圧縮した後点火し，燃焼時の膨張圧力によっ
て回転力を発生している。

　レシプロエンジンは，シリンダーの中でピストンが上下するときにできる容積
の変化に同調させ，吸排気バルブをタイミングよく開閉することによって，吸入，
圧縮，膨張，排気の4行程を行なっている。

　ロータリーエンジンも，まゆ形のハウジングの中でおむすび形のローターが，
その3つの頂点をハウジングの内壁面と接触させながら回るときにできる容積変

〔図17〕
ペリトロコイド曲線の創成

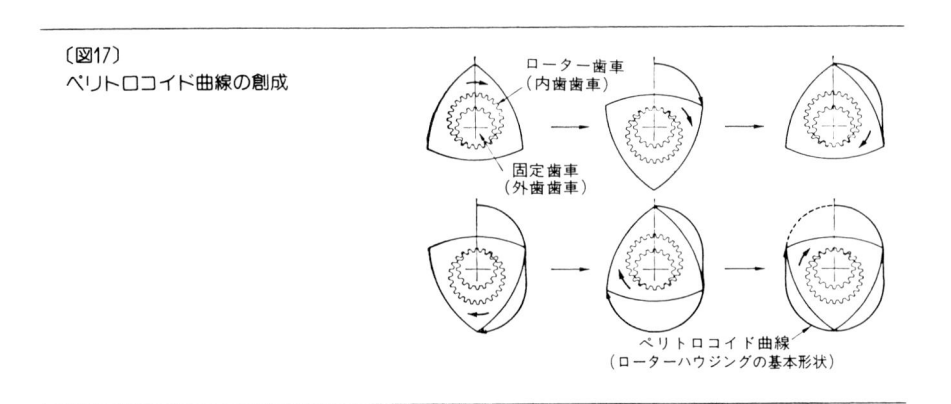

ローター歯車
（内歯歯車）

固定歯車
（外歯歯車）

ペリトロコイド曲線
（ローターハウジングの基本形状）

ロータリーエンジン

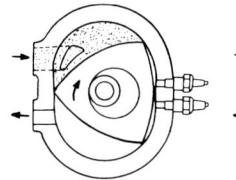 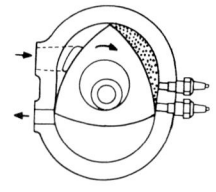 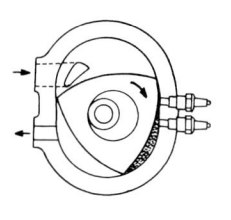 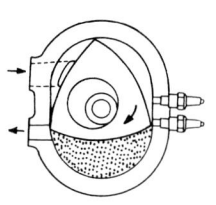

吸入行程：ローターが右にまわると部屋の容積が大きくなり、吸気と空気口からガソリンの混合気が吸い込まれる。

圧縮行程：ローターがさらに右にまわると部屋は小さくなり、混合気は圧縮される。

膨張行程：圧縮された混合気に点火プラグから火花を飛ばすと混合気は爆発燃焼し、その膨張圧力をローターが受けて出力軸を回す。

排気行程：爆発が終り仕事を終えたガスはローターの回転につれて下部の排気口から吐き出される。そして、作動室は次の吸入行程へ移る。

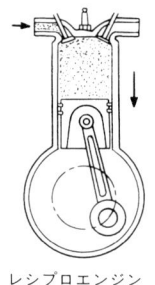 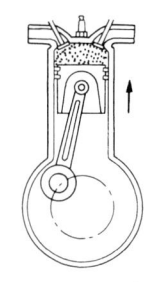 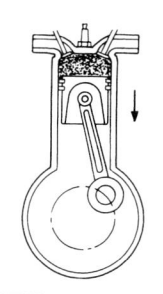 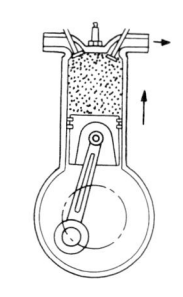

レシプロエンジン　　　　　　　〔図18〕　作動原理

化を利用して、レシプロエンジンと同様に吸入，圧縮，膨張，排気の4行程を行なっている。ローターの3辺により形成される3つの作動室は、それぞれが少しずつずれて同様な行程をたどり、ローターが1回転する間にそれぞれ4行程を1回だけ完了する。吸気と排気のポートはローター自体によって、その回転につれて自動的に開閉されるため、ロータリーエンジンにはレシプロエンジンのような吸排気バルブはない。

　以上のように、ロータリーエンジンは吸入，圧縮，膨張，排気と明瞭に区別することができる4行程が連続して行なわれる4行程1サイクルエンジン（以下，4サイクルエンジンと称す）である。

　作動原理が理解できたところで次にトルクの発生原理について説明しよう。

　ロータリーエンジンとレシプロエンジンのトルク発生原理を図19に示す。

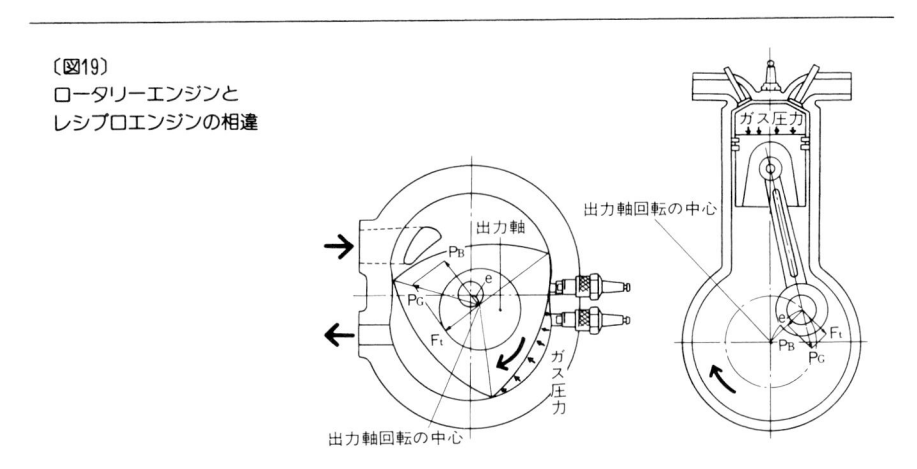

〔図19〕
ロータリーエンジンと
レシプロエンジンの相違

　周知のようにトルク，すなわち回転力は支点から作用点までの距離×作用点に
働く力で表わされる。レシプロエンジンではピストン上面に下向きに加わったガ
ス圧力がコネクティングロッドを介して出力軸を回転させている（T＝e×Ft）。

　一方，ロータリーエンジンの場合には次のようになる。まず，ローターの1辺
に作用したガス圧力の総合力（P_G）がローターの中心を押す。ローターの中心は
出力軸の偏心部分であるため，この P_G なる力は偏心部分の中心に作用している。
ところでこの力は，回転力としては作用しない出力軸の中心方向成分（P_B）と回
転力となる接線方向成分（Ft）として分解できる。したがって，接線方向の力（Ft）
のみが出力軸を回す力となるから，偏心量を e とすると，T＝e×Ft となって回転
力が発生する。

　この場合，出力軸の回転に伴ってローターを支えている出力軸の偏心部分も回
転するので，ローターの中心は半径を e とした円弧を描いて動いている。したが
って，ローターは扇風機の羽根車のように同じところでクルクル回っているので
はなく，中心部も円を描きながら動き，同時にローター自体も回転する遊星運動
をしている。

(4)　ライセンサーとライセンシー

　これまで，世界6ヵ国20数社の会社がそれぞれアウディ NSU 社およびバンケル社と技術提携し，NSU－バンケル型ロータリーエンジンの開発を進めている。これらの提携会社（ライセンシー）は，エンジンの出力の大きさ，燃料の種類，工業化の分野などを異にしたものもあるが，お互いに技術情報の交換を行ないながら，それぞれの分野で開発を続けている。

　表1にライセンサーとライセンシー及びその適用分野についてまとめる。

(5)　ロータリーエンジンの種類

　今までロータリーエンジンの歴史と構造と作動の概略について触れてきたが，

〔表1〕　ライセンサーとライセンシー（1977年末現在）

ライセンサー

国　　名	会　　社　　名	適　用　分　野
西　ド　イ　ツ	Audi NSU Auto Union AG Wankel GmbH	――

ライセンシー

国　　名	会　　社　　名	適　用　分　野
西　ド　イ　ツ	Fichtel & Sachs AG Klöckner Humboldt-Deutz AG Daimler-Benz AG MAN Maschinenfabrik Augsburg-Nürnberg AG Fried. Krupp GmbH Dr. Ing. h. c. F. Porshe AG Johannes Graupner	ボート，陸上車両，産業用 すべての技術分野 自　動　車　用 模　　型　　用
ルクセンブルグ	Comotor S. A. (Peugeot/Citroen)	自　動　車　用
イ　ギ　リ　ス	Rolls-Royce Motors Limited NVT Motorcycles Ltd.	すべての技術分野 二　輪　車　用
ス　イ　ス	CROCO Engines GmbH	オフロード車用
ア　メ　リ　カ	Curtiss-Wright Corporation Outboard Marine Corporation Ingersoll-Rand Company American Motors Corporation General Motors Corporation	すべての技術分野 ボート，産業用 産　　業　　用 自　動　車　用 航空機以外の分野
日　　本	ヤンマーディーゼル 東　洋　工　業 日　産　自　動　車 トヨタ自動車工業	自動車を除くすべての技術分野 すべての技術分野 乗　用　車　用 乗　用　車　用

〔図20〕
単一回転形ロータリーエンジンの例

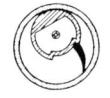 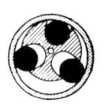

ロータリーエンジンとは何かという疑問を解消するため，その定義と種類について説明することにする。

　ここではロータリーエンジンを次のように定義する。「運動部分が常に一定方向に回転運動を行ない，作動室が容積変化をしながら，吸入，圧縮，膨張，排気の4行程を行なう内燃機関」である。したがって，ロータリーエンジンをより正確に表現するためには，冒頭で述べたように，ロータリーピストンエンジン（Rotary Piston Engine）または回転燃焼機関（Rotary Combustion Engine）という字句を用いることもある。

　ジェームズ・ワットが1759年に考案したロータリーエンジン以来，無数のロータリーエンジンが全世界で研究され続けてきており，現在でもその傾向はやんではいない。その多くの種類のアイデアを系統的に分類することは容易なことではないが，ローターの回転運動形態から，単一回転形，揺動回転形，遊星回転形の3種に大別することができる。

　i）単一回転形エンジン

　単一回転形エンジンとはローターが固定回転の中心軸の回りを一定の角速度で回転するものである。この形のロータリーエンジンでは，ポンプや圧縮機に広く使用されているベーン形が最も一般的であり，非常に簡単な動きをするため歴史からすると最も古くから考案され続けてきたものである。単一回転形エンジンの例を図20に示す。

　ii）揺動回転形エンジン

　揺動回転形エンジンとは，真円のハウジングの中で複数のローターがその回転

中心の周りを円心で角速度変化をもって回転するものである。容積変化はローターの相対運動によって得られるが，その運動は「追いついたり離されたり」するものであり，その様子はちょうど猫とネズミの追いかけっこに似ているところから，cat and mouse engine とも呼ばれている。

　揺動回転形エンジンの例を図 21 に示す。

iii）遊星回転形エンジン

　地球が自転しながら太陽の周りを回るように，ローターが自転，公転をするものを遊星回転形エンジンという。この代表的なものとして NSU-バンケル型エンジンが挙げられる。ローターの遊星運動は固定歯車とローター歯車の歯数比により規制され，さまざまな軌跡を描くことができる。遊星回転形エンジンとしては，図 22 に示すような構造のものがある。

〔図21〕
揺動回転形ロータリーエンジンの例

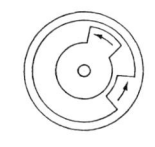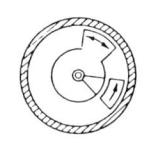

〔図22〕
遊星回転形ロータリーエンジンの例

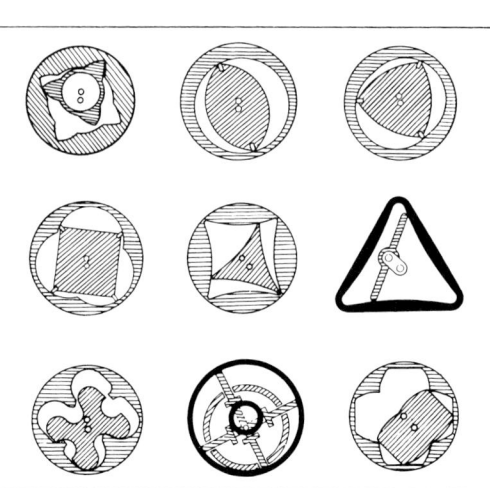

　以上，ロータリーエンジンの概要と基礎知識について説明してきたが，本編の以下の章では NSU-バンケル型ロータリーエンジンを単にロータリーエンジンと称し，また，往復ピストンエンジンをレシプロエンジンと称する。

第2章 ロータリーエンジンの原理・構造と特徴

ロータリーエンジンの各部品の役割は，レシプロエンジンと構造こそ異なるが全く同じである。しかし，構造の違いのため独特の作動をし，特徴を有する。本章ではロータリーエンジンの専用部品を中心に，レシプロエンジンとの違いについて説明することにする。

1. ロータリーエンジンの幾何学的構成

　ローターやローターハウジングは一見して単純な形のように見えるが，ローターがハウジングの中で作動室を形成し，ローターの回転につれて作動室の容積変化を伴いながら規則正しく回転（遊星運動）するためには，特殊な幾何学曲線が必要である。この曲線の理解ができると，なぜまゆ形ハウジングの中でおむすび形ローターが回転できるのかという疑問が解き明かされる。

　結論からいうと，その曲線がペリトロコイド曲線と呼ばれるものであり，ローターハウジングの内壁面であるまゆ形の基本形状となっており，これはローターの3つの頂点が回転する時に描く軌跡なのである。

(1)　ペリトロコイド曲線

　ペリトロコイド曲線とは半径 p の円（基円）を固定し，その基円の外周に内接する半径 q の円（転円）にアームを固定して，滑ることなく転円を回転させた時にアームの先端 P が描く曲線のことである（図1）。

　では，ペリトロコイド曲線はどのように描かれるのか，もう少しわかりやすく

〔図1〕　ペリトロコイド曲線

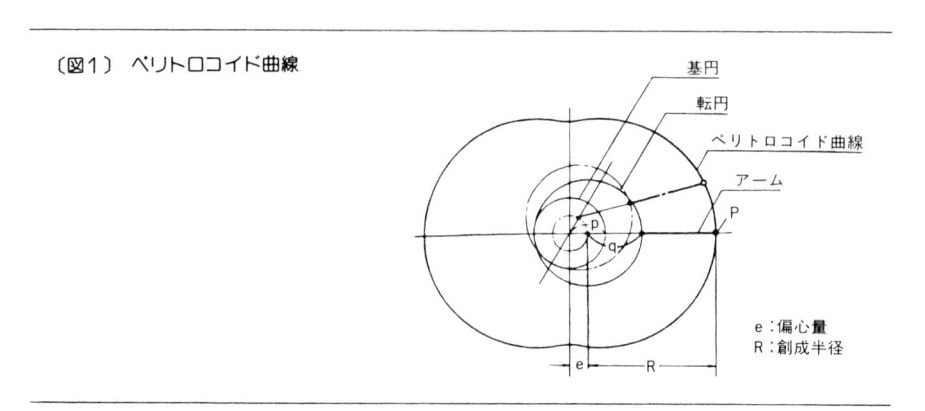

考えてみよう。まず，外側に歯が刻まれた外歯歯車を固定し，これに内側に歯が刻まれた内歯歯車をかみ合わせる。次に内歯歯車の先端にペンのついたアームを取付け，歯車がはずれないようにかみ合わせてアームを回すと，ペンはある曲線を描く。ここで重要となるのは2つの歯車の歯数比である。外歯歯車と内歯歯車の歯数比を2:3とする時，ペンが描く軌跡は2つのくびれを形成し，いわゆるまゆ形のペリトロコイド曲線が描かれる。これがローターハウジング内壁面の基本形状である。

　実際のエンジンでは外歯歯車は固定歯車であり，内歯歯車はローター歯車のこ

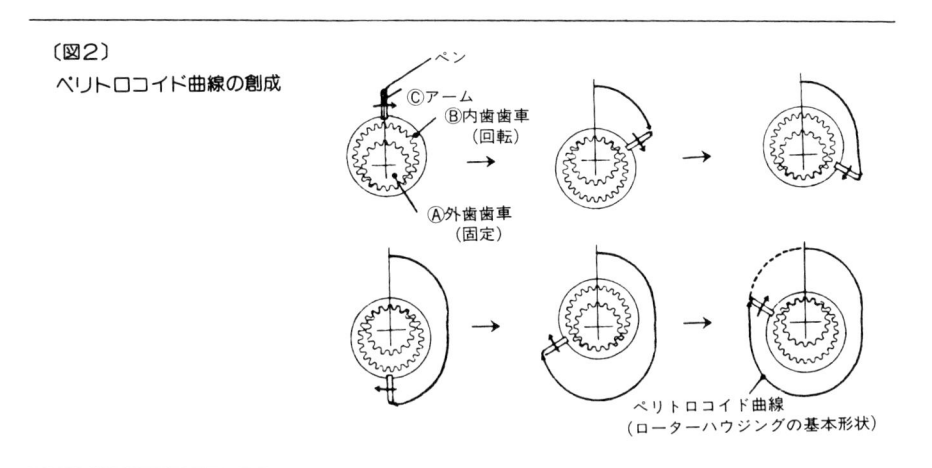

〔図2〕
ペリトロコイド曲線の創成

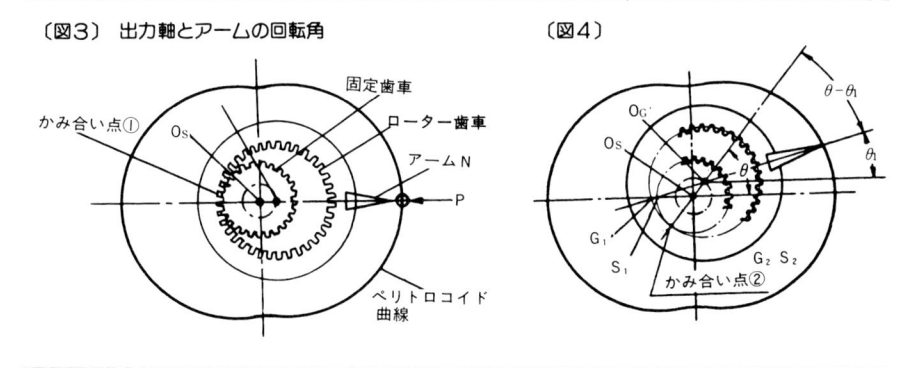

〔図3〕　出力軸とアームの回転角

〔図4〕

〔図5〕
かみ合い点の移動

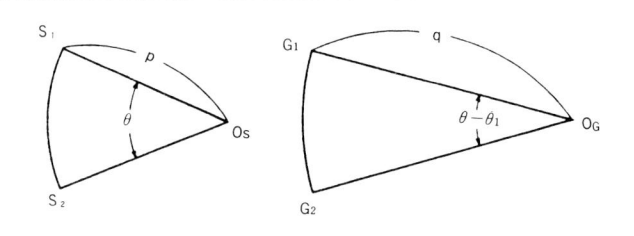

とである（図3）。また，ローター歯車の中心（O_G）が θ だけ回転した場合（図4），かみ合い点は①から②に移動し，かみ合い点①，②で固定歯車上の点を S_1，S_2，ローター歯車上の点を G_1，G_2とすれば，アームは G と O_G とを結んだ線上にくる。

つまり，アームの回転角度は θ_1 となり，ローター歯車の中心の回転角度 θ と異なっていることがわかる。

では，ここで θ と θ_1 との関係を求めてみよう。まず，かみ合い点が①から②に移動するときに2つの歯車のかみ合う歯数は同じでなければならないから

$$S_1S_2 = G_1G_2 \cdots\cdots\cdots(1)$$

が成立する。ところで S_1S_2，G_1G_2は図5に表わせるような扇形の円弧を成すため，

$$S_1S_2 = P \times \theta \cdots\cdots(2) \qquad G_1G_2 = q(\theta - \theta_1) \cdots\cdots(3)$$

と関係式で表わすことができる（ただし，θ と θ_1はラジアン表示）。

これらを式(1)に代入すると，

$$P \times \theta = q(\theta - \theta_1) \qquad \therefore \theta_1 = (1 - p/q)\,\theta \cdots\cdots(4)$$

となる。ところで NSU–バンケル型ロータリーエンジンでは，先ほど述べたように p：q＝2：3であるから p／q＝2／3を式(4)に代入して，

$$\theta_1 = \theta/3 \cdots\cdots\cdots(5)$$

となる。したがって，アームは中心の回転速度に対し 1／3 の速度で回転していることになる。つまり，NSU–バンケル型ロータリーエンジンでは，ローターが1回転すると出力軸は3回転することになる。

　ここで，基円と転円との中心距離を偏心量（e）といい，転円の中心からアームの先端までの長さを創成半径（R）と呼んでいる（図1）。そしてeとRとによってトロコイドの大きさや形状（くびれが大きくなったり，小さくなったりする）が決まり，その比を$K=R/e$と表わし，これをトロコイド定数と呼ぶ。これはトロコイドの幾何学的な形状を表わす代表的な指標である。図6は作動容積を一定にした場合のトロコイド定数とトロコイド形状を示したものであるが，Kの値の大小によって，後述する揺動角，圧縮比，アペックスシールの周速，エンジンの外形寸法など，エンジンの基本諸元に大きな影響を及ぼす。

　以上のことをふまえて，実用的ロータリーエンジンでは一般に$K=6\sim8$の値が用いられている。

(2)　ペリトロコイドの内包絡線

　ペリトロコイド曲線の中で回転できる物体（ローター）とは，一体どのくらい大きくてどんな形状のものまで許容されるのだろうか。この形状を求めるためには，次の方法が考えられる。まず，ロータリーエンジンの基本諸元であるe，R，

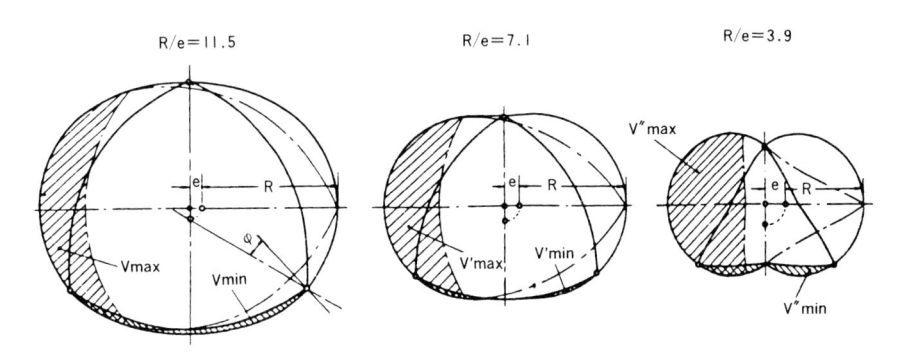

R＝創成半径　e＝偏心量　φ＝揺動角

R/e＝11.5　　　　　R/e＝7.1　　　　　R/e＝3.9

作動室容積＝Vmax－Vmin＝V′max－V′min＝V″max－V″min

〔図6〕　トロコイド定数とトロコイド形状

P, q などを与えてペリトロコイド曲線(アームの先端 P の軌跡であり T と呼ぶ)を 1 つ描く。次に今描いたアームの先端 P から左右にポイントを少しずらし(P₁, P₂, ……というように), 同様にペリトロコイド曲線 (T₁, T₂, ……) を描く。このとき, ペリトロコイド内でローターを回すことができるためには, 最初に求めた点 P によるトロコイド曲線 (T) の内側または曲線上に T₁, T₂……が描けるよう P₁, P₂……を順次選定していかなければならない。また当然のことながら最初に描いた T に接するような点 P₁, P₂……は点 P から周方向も半径方向も全てアナログ的にプロットして求めなければ決定できない。つまり, いわば原始的なこの方法では, 現代の最先端を行くコンピューターを駆使しないと答がでてきそうにないものである。

そこで, 次のように発想の転換をして考えてみることにする。それは相対的に運動する系を正反対にしてみることである。たとえば, 乗物が走っている時, その中に乗っていると風景が全て後方に走っていく(乗っている人は止まっている)ように見えるのと同じで, 今まではローターが転動する時, 静止しているトロコイド曲線 T に当るか当らないかを, T の上に乗って見つめていたわけであるが, 今度は転動しているローターの上に乗ってみることにするのである。すると, ローターは静止し外側でトロコイド曲線 T が転動して, 近くなったり遠くなったり

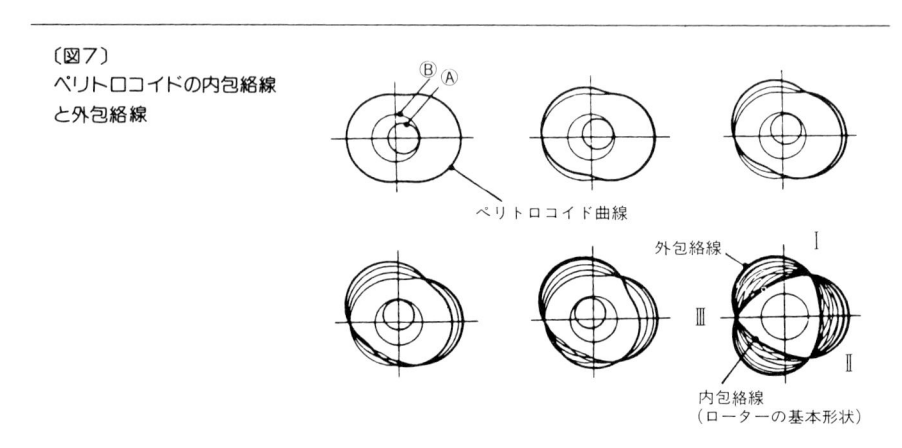

〔図7〕
ペリトロコイドの内包絡線
と外包絡線

ペリトロコイド曲線

外包絡線

内包絡線
(ローターの基本形状)

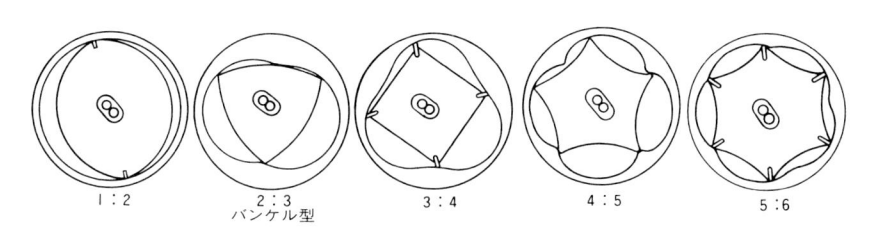

〔図8〕　いろいろなペリトロコイドの例

の運動をする。このとき，Ｔが最も接近した点（箇所）をつなぎ合わせれば，トロコイド曲線と交差しない最大の物体ができることになり，ローターの外形ができ上がる。

　では，この方法で実際にどのようなローター外形ができるか調べてみよう。

　相対的に運動する系を反対にするのだから，転円を固定して基円とトロコイド曲線を一体にしてすべらないように回転させる。このとき，トロコイド曲線が全て通らない部分が内側と外側にできるが，この内側の境界をつないだ線をペリトロコイドの内包絡線といい，外側を外包絡線という(図7)。

　この内包絡線から構成される物体はペリトロコイド内で転動できる最大のものである。ところで内包絡線の角の点Ⅰ，Ⅱ，Ⅲは常にペリトロコイド曲線が通っているから，内包絡線とペリトロコイド曲線とはこの3頂点でたえず接してお互いにせり合うことなく回転することができる。ロータリーエンジンでは，内包絡線によってできる三角形状の物体をローターの基本外形形状として使用している。

　以上，述べたように固定歯車とローター歯車の歯数比を 2：3 にすると，トロコイドはまゆ形になり，ローターは三角おむすび形になるが，歯数比を 3：4，4：5，……と変えていくと，トロコイドのくびれは図8のように3，4……と増えていく。このような組み合わせも理論的には可能であり，NSU-バンケル型ロータリーエンジンの兄弟のようなものであるが，構造が複雑化し，その割に効率がよくないため実用化はされていない。

2. ロータリーエンジンの作動

(1) 容積変化と作動行程

　ペリトロコイド曲線を内壁面にもつローターハウジングと，内包絡線を外形にもつローターとによって形成される3つの隙間に厚さを与えたものが，ロータリーエンジンの作動室である。これはローターの回転とともに容積が変化し，その変化のようすはレシプロエンジンと同様のサインカーブを描く。この作動室容積の変化は次式で示される。

ⅰ）ロータリーエンジン

$$V_\theta = \frac{3\sqrt{3}}{2}\left(1 - \cos\frac{2}{3}\theta\right)R'eb + V_c$$

V_θ：作動室容積　　　　　　　　　　　　　b：ローターハウジング幅

R'：R（創成半径）＋a（平行移動量：後述）　　θ：出力軸回転角（上死点 $\theta = 0$）

e：偏心量　　　　　　　　　　　　　　　　　V_c：最小容積

ⅱ）レシプロエンジン

$$V_\theta = \left\{r(1 - \cos\theta) + \ell\left(1 - \sqrt{1 - \left(\frac{r}{\ell}\right)^2 \sin^2\theta}\right)\right\} \times \frac{\pi D^2}{4} + V_c$$

V_θ：作動室容積　　　　　　　　　　　　　r：クランク半径

D：シリンダー直径　　　　　　　　　　　　ℓ：コネクティングロッド

θ：出力軸回転角（上死点 $\theta = 0$）　　　　V_c：最小容積

　容積変化の状態を示した図9から，ロータリーエンジンとレシプロエンジン（4サイクル）との間には2つの相違点があることが理解できる。

　そのひとつは，1行程分の出力軸回転角度がレシプロエンジンは180度，ロータリーエンジンは270度となっていることである。つまり，4サイクルレシプロエンジンは出力軸2回転（720度）で4行程をちょうど1回終えるが，ロータリーエンジンの場合，それが3回転（1080度）ということになる。これは前述したように出力軸が3回転したときにローターがちょうど1回転するためである。

　もうひとつの相違点は，ロータリーエンジンの場合はローターのまわりには3つ

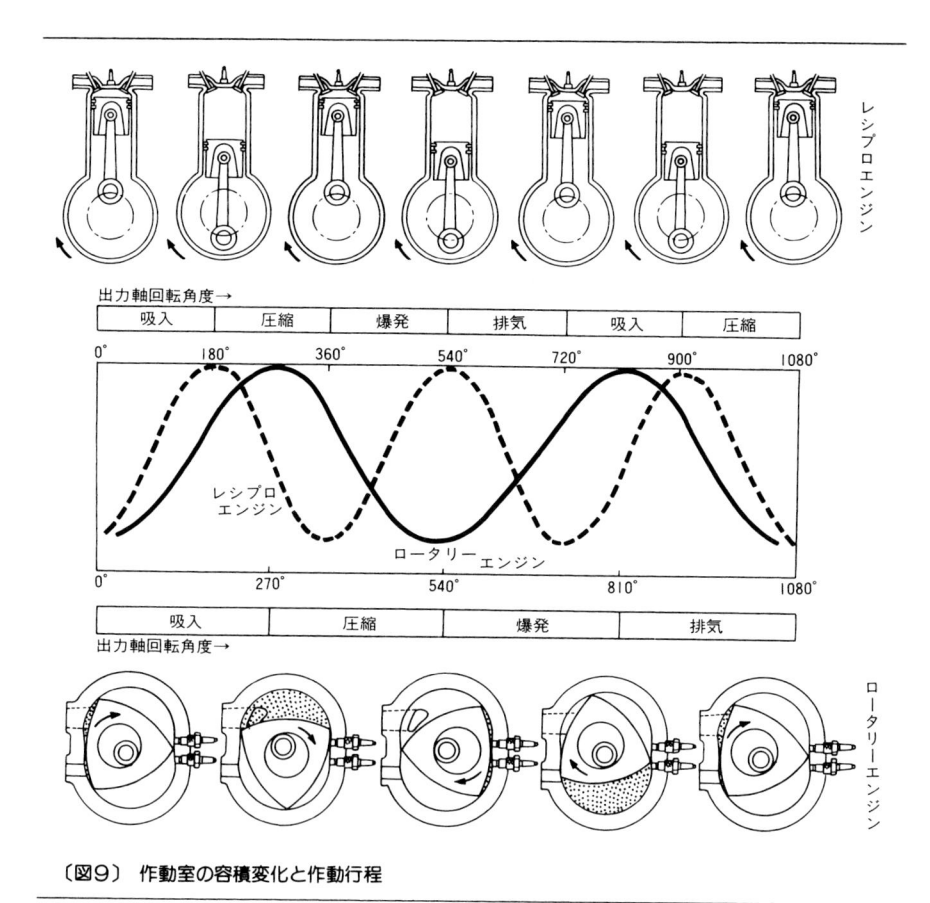

〔図9〕　作動室の容積変化と作動行程

の作動室があり，それぞれが連続して作動していることである。したがって，出力軸3回転（ローター1回転）の間に3つの作動室は，それぞれ1回爆発する。つまり，2サイクルレシプロエンジンと同様に出力軸1回転で1回の爆発が行なわれることになる。

(2)　行程容積と圧縮比

　次にエンジンの大きさを表わす行程容積（一般には排気量と呼ばれる）は周知

〔図10〕 行程容積

最小	最大	最小	最大
上死点	下死点	上死点	下死点

〔図11〕 行程容積

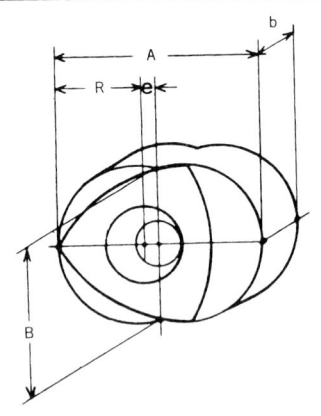

のように最大容積から最小容積を減じたものとして求められる。

ⅰ）ロータリーエンジン

$$V_H = 3\sqrt{3}\,R'eb$$

または図11の関係から次のように表わすこともできる。

$$V_H = \frac{3\sqrt{3}}{16}(A^2 - B^2)b$$

　V_H：行程容積

　A：トロコイド長軸長さ〔2（R'＋e）〕

　B：トロコイド短軸長さ〔2（R'−e）〕

ii）レシプロエンジン

$$V_H = \frac{\pi D^2}{4} \cdot S$$

　　V_H：行程容積　　　　　S：2r（ピストンストローク）

　また圧縮比（ε）は最大容積／最小容積となるが，燃焼室のくぼみ容積と点火プラグの連通孔容積の和を Vr とすると，

$$\varepsilon = \frac{V_c + V_r + V_H}{V_c + V_r}$$

によって表わすことができる。したがって，行程容積も圧縮比も考え方はレシプロエンジンの場合と全く同じである。

3. ロータリーエンジンの主要構成部品

　ロータリーエンジンはレシプロエンジンと比較すると，動弁機構がなく，回転運動をそのまま出力としてとり出すことができるので，原理的にコンパクトで簡単な構造となっている。

　ここではロータリーエンジン独特の構成部品の構造や特徴について述べる。

(1)　ローター

　ローターはレシプロエンジンのピストンとコネクティングロッドの機能を持ち，燃焼ガスの圧力を直接出力軸に回転力として伝える。さらに，ローターは吸排気バルブの機能も兼ね備えており，ローターの回転により吸排気ポートが自動的に開閉される。

　ローターには，頂点にアペックスシール，側面にサイドシール，コーナーシールおよびオイルシールが装着され，中心部にローター歯車とローター軸受が組み付けられている。図 12 にローター各部の名称を示す。

　ローターの外周形状は前述のようにペリトロコイドの内包絡線を基本としている。しかし，実際のエンジンでは，ローターハウジング内周壁が基本トロコイド

〔図12〕
ローター各部の名称

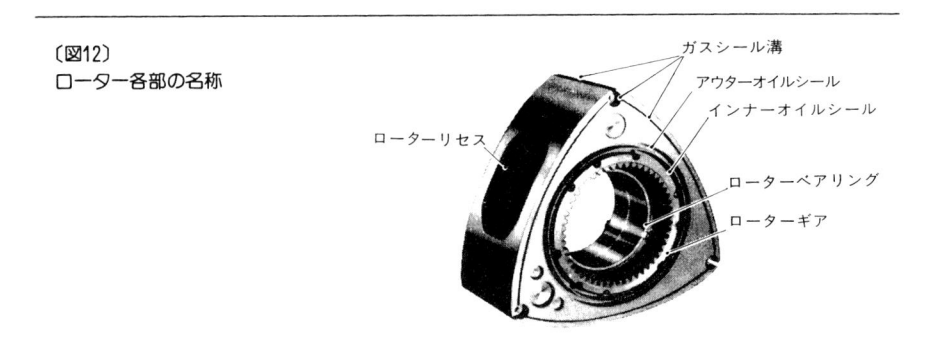

ガスシール溝
アウターオイルシール
インナーオイルシール
ローターリセス
ローターベアリング
ローターギア

を一定量だけ外側に平行移動した曲線を用いていることに対応して，ローターの外周も内包絡線を外側に平行移動した曲線になっている。

　ローター外周の3つの面はローターフランクと呼ばれ，一般に，数値制御やならい研削により機械加工されている。また，ローターの内部は，冷却と軽量化のために中空構造となっており，剛性と冷却効果を高めるためのリブが設けられている。

　ローターフランク面に設けられる凹みはローターリセスと呼ばれ，その容積はエンジンの圧縮比を決定する。さらに，ローターリセスの形状および位置は燃焼状態を変えるためエンジンの燃焼特性に大きな影響を与える。したがって，エンジンに対する出力性能，燃費性能，運転性，排出ガスの要求特性に合わせて，最適なローターリセスが選定されている。

　ローターとサイドハウジングとが接触する位置として潤滑上有利な場所を選定するため，ローターの側面にはローターランドと呼ばれる突出部が設けられており，その位置はオイルシールの内側が一般的である。というのは十分な潤滑油が供給できるばかりか，サイドハウジングとの滑り速度が小さいからである。また，ランドの端面部は，潤滑油による潤滑効果を上げるためにテーパー形状となっている。

　ローターの両側面にサイドシールやコーナーシールから洩れたブローバイガスの圧力差が生ずると，ローターが片方のサイドハウジングに押し付けられる。こ

うした圧力差をなくすために，両側面を連通させるバランスホールをローターに設ける場合がある。しかし，この場合，必然的にローターの構造が複雑になり，重量も増加する。そこで，バランスホールの代りに図13に示すようなブローバイガス回収溝を設けたものもある。ローターの側面に洩れたブローバイガスは，この溝を通ってサイド吸気ポートへ還元される。こうした溝は，ローター側面のガス圧の変動も小さくするため，オイルシールのシール機能を安定させる効果も持っている。

(2)　ハウジング

　ロータリーエンジンのハウジングは，レシプロエンジンのシリンダーブロックとシリンダーヘッドに相当し，筒状のローターハウジングと側壁面を形成するサイドハウジングとで構成される。図14に2ローターロータリーエンジンのハウジ

〔図13〕　ブローバイガス回収溝

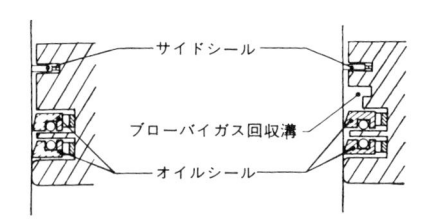

サイドシール
ブローバイガス回収溝
オイルシール

〔図14〕　ハウジング構成

ング構成を示す。

i) ローターハウジング

　レシプロエンジンでは吸入から排気までの各行程が同一場所で行なわれるが，ロータリーエンジンでは，作動室は各行程に応じて移動し，ハウジングは，吸入行程の行なわれる位置では常に新気により冷却され，膨張行程側では常に燃焼ガスにより高温高圧にさらされる。さらにローターハウジング内周壁には，アペックスシールの遠心力やガス圧による押付け力が作用し，しかもそれらは特定の位置で大きな値を示す（図 15 にローターハウジング内周面の温度の分布例を示す）。

　そのため，ハウジングの温度と受ける圧力は場所によって異なり，その差も大きいので，ローターハウジングは，材質，構造，表面処理などに独特の配慮がなされている。

　ローターハウジング内周面の外側は，冷却媒体の通路となっており，ハウジングの剛性と冷却効果を高めるためにリブやフィンが設けられている。さらにローターハウジングには，点火プラグ連通孔や排気ポートなどが，エンジンの要求特性に合わせた最適な位置に設けられている。図 16 にローターハウジングの構造例を示す。

(イ)材質と表面処理

　ローターハウジングの材質としてアルミニウム合金を使用する場合，アペックスシールがしゅう動する内周面には耐摩耗性を向上させるために，クロームメッキなどの表面処理が施されており，メッキの密着性を向上させるために，SIP(Sheet-metal Insert Process) と呼ばれる製造法が開発されている。

　この方法は，ローターハウジングの内側にトロコイド状に成形した鉄板を鋳込み，この鉄板の内側に硬質クロームメッキを施すものであり，アルミニウム合金と鉄板との結合をよくするために，鉄板の外周面には目の細かい鋸状の切り込みを設けている。図 17 にその断面構造を示す。

　また，ハウジングの内周壁には，潤滑油の保持性を向上させるため，クロームメッキ表面に機械的に微小な穴や溝を設けたり，電気的にポーラスクロームメッ

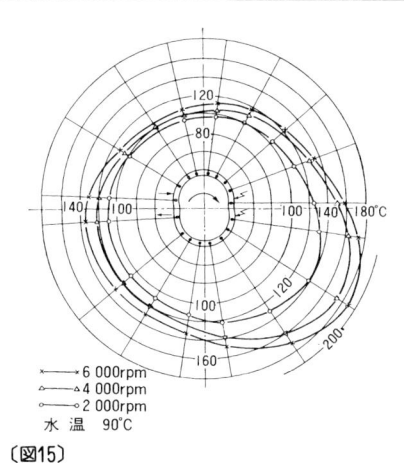

〔図15〕
ローターハウジング内周面の温度分布例

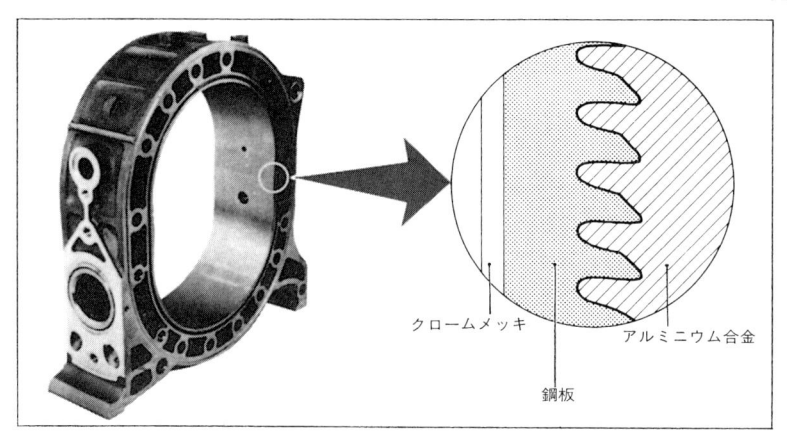

〔図16〕　ローターハウジング構造例

〔図17〕　ローターハウジングの断面構造

キを施すこともある。

（ロ）点火プラグ連通孔

　ロータリーエンジンの点火プラグは，アペックスシールやローターとの干渉を避けるために，ローターハウジング内周面より外側に配置する必要があり，ロー

44

〔図18〕 隣接作動室間の圧力差

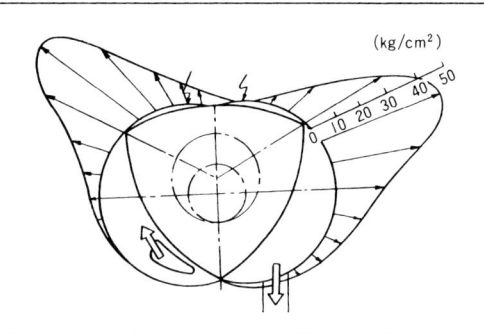

ターハウジングには点火プラグと作動室とをつなぐ連通孔が設けられている。

　点火プラグ連通孔の位置は，燃焼効率や着火性などに大きな影響を及ぼすため，ローターリセスとも関連して最適な位置が選定される。自動車用エンジンの場合，広範囲の条件下で良好な燃焼効率を得るため，短軸のトレーリング側（遅れ側）とリーディング側（進み側）に点火プラグを設ける2プラグ方式が一般に用いられている。

　プラグ連通孔の径は着火性面からすれば，大きい方が有利となるが，アペックスシールがこの連通孔上を通過する時，シールの前後の作動室が連通されるため，2室の圧力差によりガスが吹き抜ける。よって，連通孔の径は前後の作動室の圧力がほぼ平衡する短軸のリーディング側では大きく，圧力差の大きいトレーリング側では小さくされる（図18で矢印の長さはその位置での圧力差の大きさを示す）。

　ⅱ）サイドハウジング

　サイドハウジングは，サイドシール，コーナーシールそしてオイルシールのしゅう動面を持っており，ローターハウジングと同様に受けるガス圧の強さや温度が位置によって異なっている。図19に水冷式のサイドハウジングの断面構造を示す。内部は中空で冷却水通路があり，ハウジングの剛性と冷却効果を高めるためにリブが配置されている。

　サイドハウジングの材質には，熱負荷がローターハウジングほど高くないため

低コストの鋳鉄が一般に使用されている。しかし，高出力エンジンの場合は熱負荷が高くなり，しゅう動面に硬化処理を施すこともある。

(3)　位相歯車

　ロータリーエンジンでは，ローターの回転運動を規制するために位相歯車機構が設けられている。この位相歯車は前述したペリトロコイド創成の基円と転円とに相当するもので，サイドハウジングに固定される外歯歯車（固定歯車）とローターに取付けられる内歯歯車（ローター歯車）とで構成される。固定歯車とローター歯車の歯数比は2：3となっており，この歯車のかみ合いによって，ローターと出力軸の回転数比は1：3に規制され，ローター頂点がローターハウジング

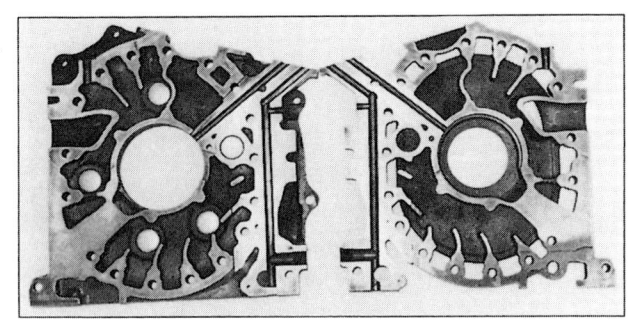

〔図19〕
水冷式サイドハウジング
の断面構造

〔図20〕　固定歯車

内周面の基本曲線であるトロコイド曲線を描く。

　固定歯車は主軸受のハウジングと一体の構造になっており，サイドハウジングに圧入後ボルト締めされるものが一般的である（図 20）。

(4)　出力軸

　ロータリーエンジンの出力軸は，レシプロエンジンのクランク軸に相当するもので，回転中心に対して偏心したロータージャーナル部でローターに働く爆発力を受け，回転力として取り出す働きをする。

　図 21 に 2 ローターエンジンの場合の出力軸系の構成例を，また図 22 に出力軸の構造例を示す。

〔図21〕
出力軸系の構成例

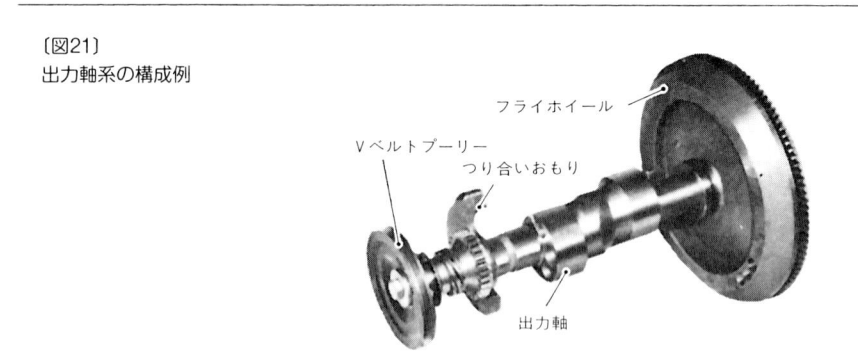

〔図22〕　出力軸の構造例

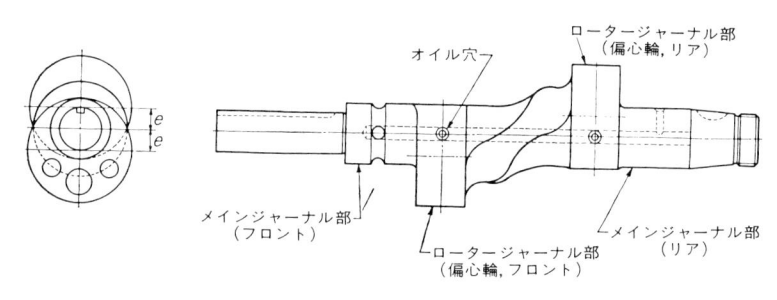

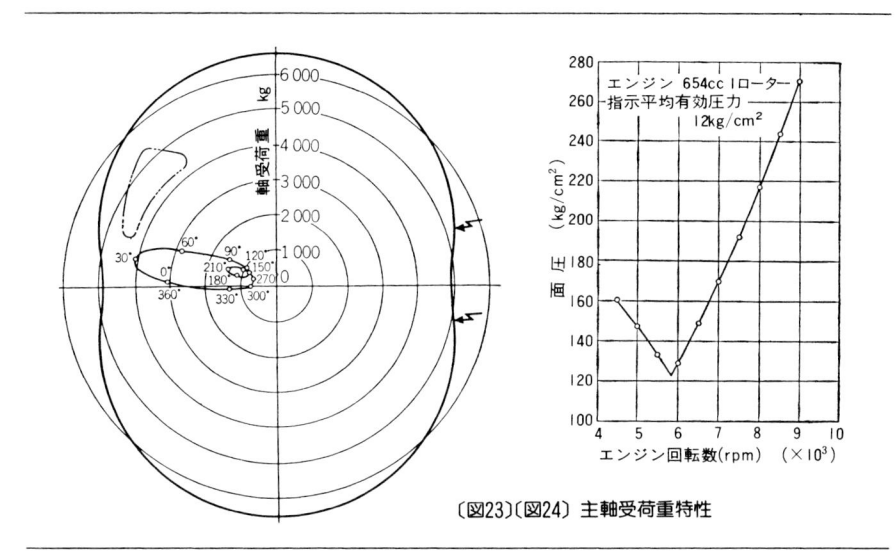

〔図23〕〔図24〕 主軸受荷重特性

　出力軸は，フロントとリアの固定歯車に組み込まれた主軸受で支えられ，前端部にはつり合い錘，補機駆動用歯車，Ｖベルトプーリーなどが，また後端部にはフライホイールが取付けられている。ロータージャーナルは出力軸の回転中心に対してトロコイド偏心量 e だけ偏心している。出力軸の内部には軸受部の潤滑やローター内部の冷却用として潤滑油を供給するための潤滑油通路が設けられている。また材質は曲げ剛性の高いクローム鋼，クロームモリブデン鋼などの鍛造品が一般的であり，各ジャーナル部には焼入れ処理が施されている。

　㈡慣性力のつり合い

　一般に運動部分によって生ずる慣性力をつり合わせるためには，回転運動質量と往復運動質量の2つのつり合いについて考える必要がある。

　回転運動質量についてはつり合い錘で完全につり合わせることができる。しかし，往復運動質量は，つり合い錘で取り除くことができない不つり合い慣性力と不つり合い慣性偶力とが残り，これらはエンジン回転速度の二乗に比例して増加する。

　不つり合い力が残ると，主軸受には必ずこの反力や反動モーメントが働き，そ

の大きさや方向が周期的に変化して，振動の発生要因となる。ロータリーエンジンの場合，往復運動質量が全くなく，回転運動質量のつり合いのみを考慮すれば，完全につり合わせることができる。

　㈹軸受荷重

　ロータリーエンジンの主軸受荷重特性を図23に示す。

　ロータリーエンジンでは，運動部分の慣性力を完全につり合わせることができるため，主軸受にかかる荷重は基本的にはローターが受けた燃焼ガス圧力の中心方向成分のみである。ローター軸受にはローターの受けた燃焼ガス圧力とローターの遊星運動による遠心力とが作用するが，この2つの力はほぼ反対方向に作用するため，ローター軸受の荷重は回転数に対して図24に示すような特性をもっている。

4. ロータリーエンジンの主要機構

(1)　吸排気機構（ペリフェラルポートとサイドポート方式）

　レシプロエンジンのような弁機構のないロータリーエンジンの場合，吸排気ポートをローターハウジングまたはサイドハウジングの適当な位置に設ければ，適正なガス交換が行なわれる。ローターハウジングに設けられたものをペリフェラルポートと呼び，サイドハウジングに設けられたものをサイドポートと呼ぶ。

　ペリフェラルポート方式の場合，①ポートはアペックスシールにより開閉される。したがって，常にいずれかの作動室に開口しており，アペックスシールがポート上を通過する時，2つの作動室がポートにより連通される。②1つの作動室に対するポートの開口時間は出力軸の回転角で360度よりも長い。③気流の方向がローターの回転方向と同じであるため，通気抵抗が小さい，などといった特徴がある。

　一方，サイドポート方式の場合，①ポートの形状は幾何学的な制約を受ける。

すなわち，サイドシールとコーナーシールとがポートに落ち込まないようなレイアウトにしなければならない。また，潤滑油がポートに流出しないように，オイルシールしゅう動軌跡の外側にレイアウトしなければならない。②ポートはローターの弓形辺によって開閉される。したがって，ポートがローターにより完全に塞がれている場合があるため，ポート開口時間はペリフェラルポート方式より短くなる。③吸気の方向がローターの回転方向と異なるため，通気抵抗が大きい，

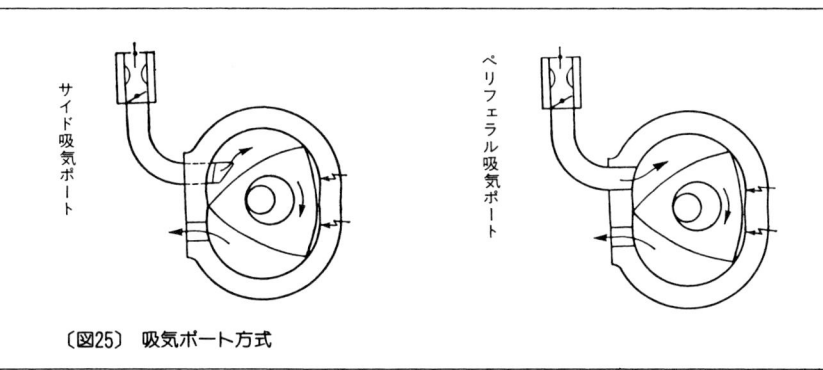

〔図25〕　吸気ポート方式

〔図26〕
サイド吸気ポートの輪郭

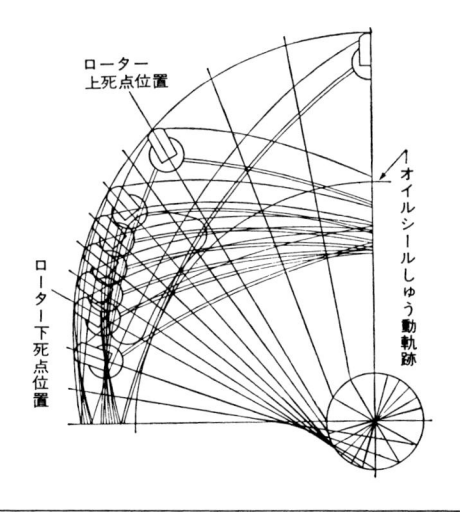

などといった特徴がある。

　以上のように，ポート方式によって特徴が異なるため，吸排気のポーティングには，エンジンに対する要求特性に応じてその特徴が十分に生かせる方式の選定が重要となる。

　ところで，排気ポートはサイド方式の場合，高温の排出ガスがローター側面に多量に侵入し，サイドシールやオイルシールに悪影響を及ぼすため，一般にペリフェラルポート方式が採用されている。

　吸気ポートは，ペリフェラルポート方式とサイドポート方式とがエンジンの要求特性に応じて使い分けられている。

　ペリフェラル吸気方式は，開口時間が長く，また吸気の方向がローターの回転方向と同じであるため，高速・高負荷時の充填効率が高く，高出力が得られる。しかし，低速時や軽負荷時には，吸排気ポートが同時に開いている，いわゆるオーバーラップの期間が長いことと，アペックスシールがポート上を通過するとき，吸気行程と排気行程の2つの作動室が連通することにより，吸気中に既燃焼ガスが多量に混入して，燃焼が不安定になるという問題がある。したがって，高速性能が重視されるレース用のエンジンなどには，ペリフェラル吸気方式が用いられる。

　サイド吸気方式は，高速性能はペリフェラル吸気方式よりも劣るが，吸気の方向がローターの回転方向と直角であるため，うず流が起こりやすくミキシングが容易なこと，吸排気のオーバーラップが小さいことにより，低速や軽負荷時にも安定した燃焼が得られる。したがって，低速から高速までの広範囲でバランスのとれた性能が要求される一般の自動車用エンジンには，サイド吸気方式が多く用いられている。

(2)　気密機構

　ロータリーエンジンの気密機構は，各シールが立体的に組み合わされているため，そのつなぎの部分の構造に工夫がこらされており，レシプロエンジンの圧力リングに相当するサイドシール，隣接する各作動室間の気密を保つためのアペッ

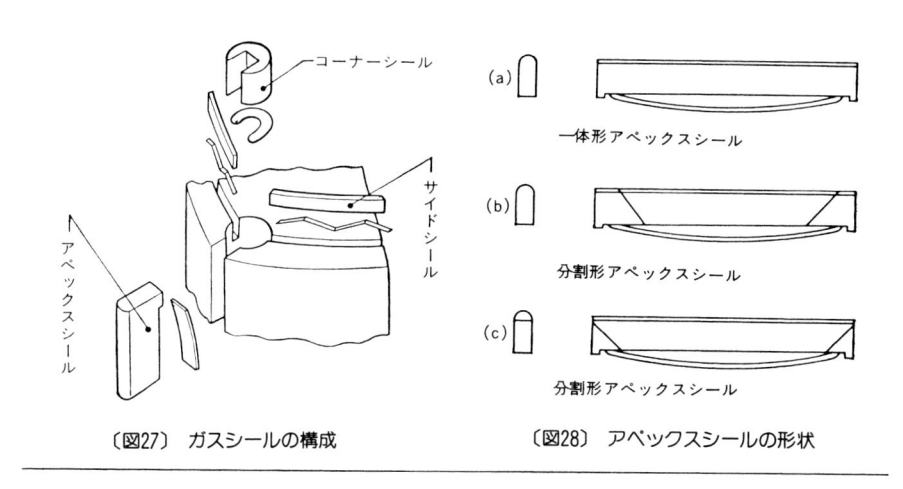

〔図27〕　ガスシールの構成　　　　　〔図28〕　アペックスシールの形状

クスシール，そして両者の接合部の気密をするコーナーシールで構成される。各シールの背面にはそれぞれスプリングが配置され，シールが摩耗した場合でも気密面との密着した接触が保たれるように工夫されている（図27）。

　i）アペックスシール

　アペックスシールはローターの 3 つの頂点に配置され，各作動室の気密を保つとともに，ペリフェラルポートの場合，吸排気のバルブの役割も兼ね備えている。

　アペックスシールはシール底部に働くガス圧とスプリングの張力でトロコイド内周面に押し上げられるとともに，シール側面に働くガス圧力によりシール溝の一方に押し付けられており，頂点と側面とで気密を保っている。シールの端面は，シールやハウジングの熱変形や製作誤差を考えた場合，サイドハウジングとの間にある程度の間隙が必要となるが，アペックスシールを分割形にすることにより，その間隙を少なくすることができる（図28）。

　アペックスシールは 3 つの作動室を完全に区切り，気密を保つ役割をもっているが，各作動室は 360 度ずつ位相がずれて作動しているため，隣接する作動室間には圧力差が生じる（図18参照）。アペックスシールが短軸を少し過ぎるまではシールの進み側の作動室圧のほうが高いが，やがてその差がなくなり，逆に遅れ

側の作動室のほうが高くなってくる。つまりこのことは，アペックスシールの側面にかかる圧力の方向が変化することにより，アペックスシールがシール溝内で前後に移動することを意味している。

　図29にアペックスシールの速度分布をレシプロエンジンの圧力リングと対比して示す。ロータリーエンジンのほうが最大と最小の差，すなわち速度の変化が小さい。さらにレシプロエンジンの場合，ピストンの上下運動に伴い，上・下死点で運動が停止し，滑り方向が反転するのに対し，ロータリーエンジンでは常に同一回転方向にしゅう動速度を持ち，連続的に変化している。したがって，油膜の保持に対して有利である。

　また，アペックスシールはローターの運動と共に揺動運動を行なう。このことからトロコイド面との接触線が絶えず移動するため，摩耗に対しても非常に有利である。実際のエンジンでは図30に示すように，ペリトロコイド曲線 Et を a だけ平行移動させた平行トロコイド曲線 Ea をローターハウジングのしゅう動面として使用し，アペックスシール先端を平行移動量 a を半径とする円弧にすることが多い。こうすれば，ローターの回転に伴い接触線は円弧の中心に対し角度 φ の範囲で揺動し，アペックスシールのシール溝内での上下運動を防ぐことができる。ここで角度 φ は揺動角と呼ばれる。

〔図29〕
アペックスシールのしゅう動速度例

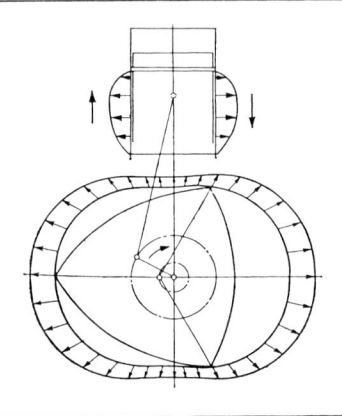

〔図30〕
トロコイド平行曲線と
アペックスシールの揺動運動

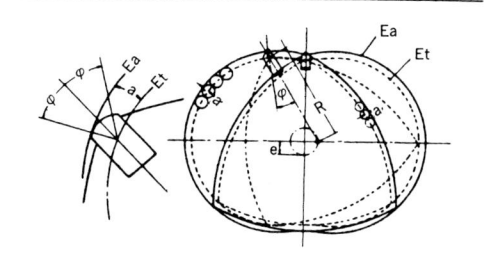

〔図31〕
コーナーシールの形状

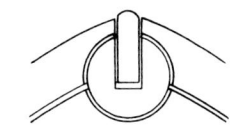

ⅱ）サイドシール，コーナーシール

　サイドシールはローター側面に配置され，作動室の高圧ガスがローター側面部へ洩れるのを防ぐ役割を果たしている。また，サイドハウジングしゅう動面と平面で接触し，オイルシールの軌跡内を通ることもあるので，潤滑条件は他のガスシールより有利である。

　コーナーシールはアペックスシールとサイドシールとのつなぎの部分の気密を保っている。ローターのシール穴側面との気密を保つためには，シール穴とシール外径のすきまをできるだけ小さくする必要があるが，あまり小さくするとシール穴の中でコーナーシールが動けなくなる。そこで，弾力性を持たせる形状にしているものがある。このように，半径方向の剛性を下げることにより，すきまを小さくしても，コーナーシールがシール穴の中で自由に動けるように工夫されている。

(3)　冷却機構

　ロータリーエンジンでは，吸入，圧縮，膨張，排気の各行程がそれぞれ決まった位置で行なわれるため，ハウジング各部の温度差が大きい。このため，ハウジングの冷却においては，最高温度を下げると同時に，ハウジング各部の温度差を

できるだけ小さくし，局所的な熱応力や熱変形の発生を抑えることが重要である。また，ローターはレシプロエンジンのピストンに比べて燃焼ガスにさらされる表面積が広く，その温度はローターに取付けられたシール類の耐久性やノッキングに大きな影響を及ぼす。このため，ローターの冷却機構も必要である。

　i）ハウジングの冷却

　ハウジングの冷却方式は，一般に，冷却媒体により空冷式と水冷式とに，また冷却媒体の流れの方向により周流式と軸流式とに分類される。空冷周流式及び空冷軸流式のハウジングにおけるフィン配置例を図 32, 33 に示す。高温域では，冷

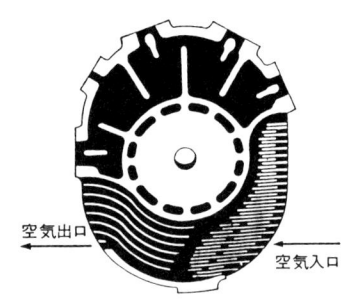

空気出口

空気入口

〔図32〕　空冷周流式のフィン配置例

〔図33〕
空冷軸流式のフィン配置例

〔図34〕
水冷周流式の冷却水流路例

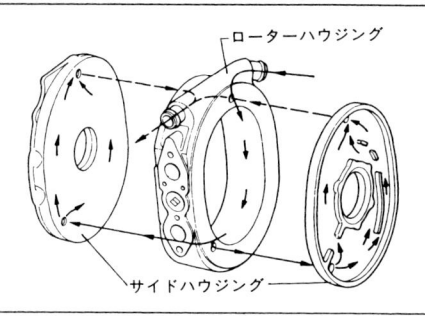

ローターハウジング

サイドハウジング

〔図35〕
水冷軸流式の冷却水流路例

サイドハウジング

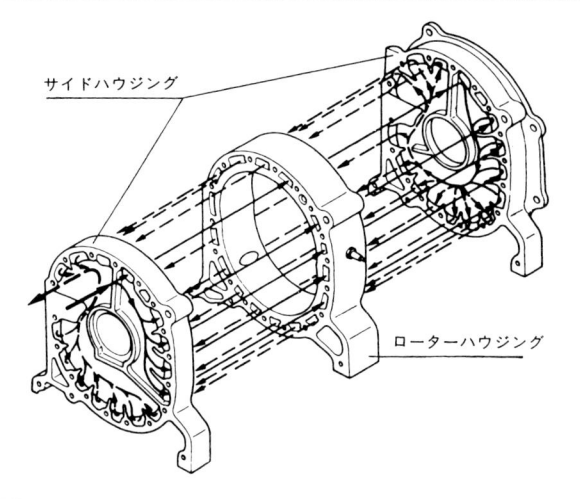

ローターハウジング

却効果を高めるため，フィンをできるだけ薄く，多く設けて，放熱面積と風速の増加を図っている。

　小型のエンジンではこのような空冷式が用いられるが，熱負荷の高い自動車用エンジンでは，一般に水冷式が用いられている。

　水冷周流式及び水冷軸流式のハウジング内の冷却水流路を図 34, 35 に示す。周流式は冷却水がハウジングごとに独立に流れるので，ハウジング間の温度差は小さく，4 ローターなどの多ローターエンジンに適している。しかし，ローターハウジングの冷却水通路の製作性が劣っているため，自動車用としては一般に軸流式

が用いられている。

　熱負荷の高い点火プラグ連通孔の周辺は，適切なリブやフィンを配置して放熱面積を増し，さらに冷却水の流速も上げて冷却効果を高めている。また，温度が低い吸気ポートの周辺は，受熱した冷却水により加熱されている。このようにしてハウジング各部の壁温を均一化すると同時に，混合気を予熱して，その気化，霧化の促進を図っている。

　ところで，水冷式の場合，ローターハウジングとサイドハウジングの合わせ面には，冷却水の洩れを防ぐシールの機構が必要である。周流式の場合には，冷却水の連通孔を高温部を避けた場所に設定できるが，軸流式の場合には，トロコイドに沿った全周をシールする必要がある。ローターハウジングとサイドハウジングは，材質，温度，圧力などの違いにより，変形量の差を生ずるため，こうしたずれに対しても追随できるゴム製シーリングが，ローターハウジングに設けた溝に装着されている。

ⅱ) ローターの冷却

　ローターはハウジングの場合と異なり，吸気行程で混合気により冷却され，膨張行程で燃焼ガスにより加熱される。ローターの温度に関しては，シールの耐久性やノッキングの面からは冷却することが要求され，熱効率の面からは適度な高温に保つことが望ましい。

　冷却媒体としては水が最も冷却効率が高いが，遊星運動しているローターに完全なシール機構を取付けることは非常にむずかしいため，吸入混合気，または潤

〔図36〕
吸気によるローターの冷却

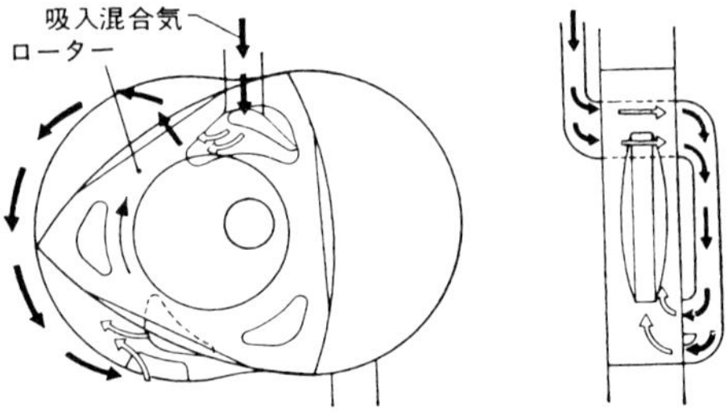

〔図37〕
ローター内部での潤滑油の挙動

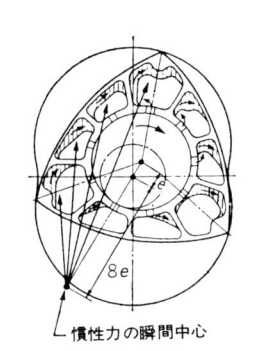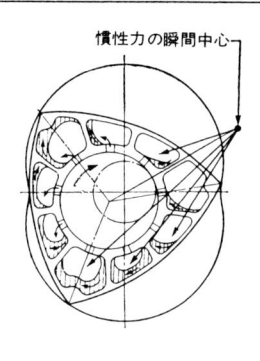

慣性力の瞬間中心

8e

慣性力の瞬間中心

滑油が冷却媒体として利用されている。

　図 36 に吸入混合気によるローター冷却方式を示す。混合気は，サイドハウジングからローター側面に設けられた連通孔を通ってローター内部に入り，反対側のサイドハウジングから作動室に吸入される。この間，混合気はローターを冷却すると同時にローターの熱で予熱され，気化，霧化が促進される。この方式は，オイルクーラーなどの特別な熱交換器の必要がないため，小型軽量エンジンに適している。しかし，混合気冷却方式では混合気の吸入通路が長くなるため，吸入抵抗が増大し，出力が低下するという難点があり，自動車用エンジンでは，一般に潤滑油でローターの内部を冷却する方式がとられている。

　ローター内の潤滑油の挙動を図 37 に示す。潤滑油は出力軸を通ってローターの内部へ噴射され，ローターの遊星運動によって受ける慣性力の変化に従って，ローター内で旋回しながら内壁面から熱を奪い，ローター中心に向かう求心力によりローターから押し出され，サイドハウジングを通ってオイルパンに回収される。

　潤滑油による冷却がある場合とない場合のローター表面温度の比較を図 38 に示す。回転数によって温度変化が大きく，高回転では積極的に冷却する必要があるが，低回転域ではむしろ冷却しない方が望ましい。このため，運転条件に応じてローター内部への冷却用潤滑油の供給を制御しているものもある。図 39 にエンジンの回転数に応じて潤滑油噴射の有無を制御する弁機構の構造例を示す。制御弁

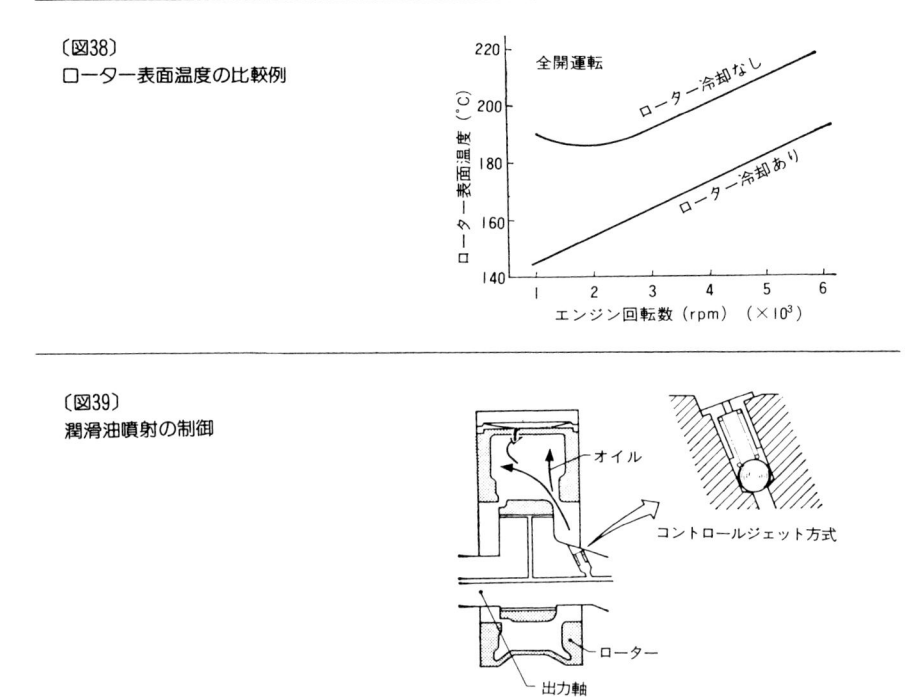

〔図38〕
ローター表面温度の比較例

〔図39〕
潤滑油噴射の制御

は出力軸に取付けられており，低回転時には，スプリングにより潤滑油の噴射通路が閉じられている。回転数が上がると，ボールにかかる遠心力と油圧により潤滑油通路が開き，ローター内部に潤滑油が噴射される。

(4) 潤滑機構

　ロータリーエンジンでは，主軸受，ローター軸受，位相歯車などの出力軸系への給油に加えて，ガスシールとそのしゅう動面にも潤滑油を供給する必要がある。

　自動車用エンジンでは，広範囲な運転条件に対応して，必要箇所のみに適正な量の潤滑油を供給するために，出力軸系への強制圧送給油方式とガスシールしゅう動面への分離給油方式とを組み合わせた方式が用いられている。

ⅰ) 出力軸系の潤滑

　図 40 にロータリーエンジンにおける強制圧送給油での潤滑油流路例を示す。一般に自動車用ロータリーエンジンでは，潤滑油でローターを冷却しているため，潤滑油の過熱を防ぐオイルクーラーが装着される。オイルクーラーにはサーモバルブ機構を設け，潤滑油の温度が低いときにはオイルクーラー内のバイパス通路を開くことにより，過冷却による熱損失の防止と暖機時間の短縮を図っているものがある（図 41）。

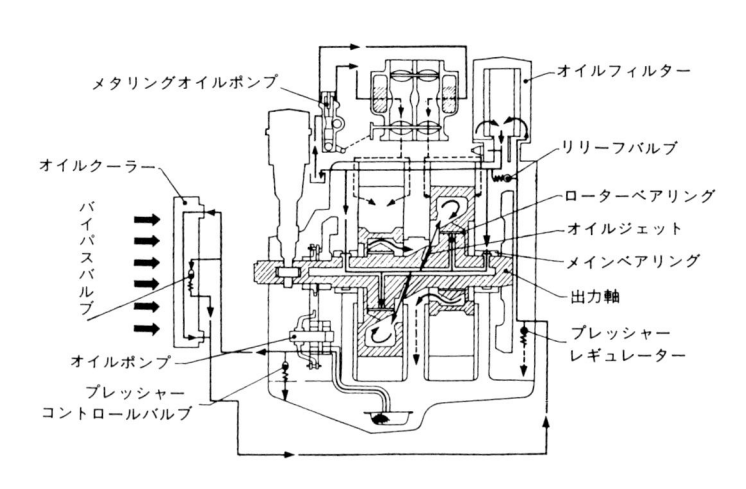

〔図40〕　潤滑油流路例

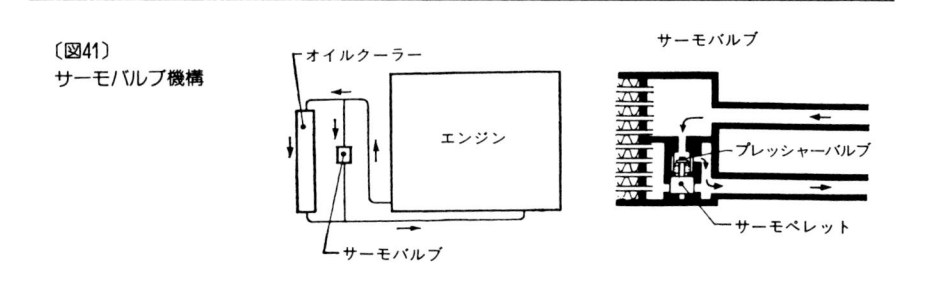

〔図42〕
メタリングオイルポンプの構造

〔図43〕
メタリングオイル
ポンプの作動

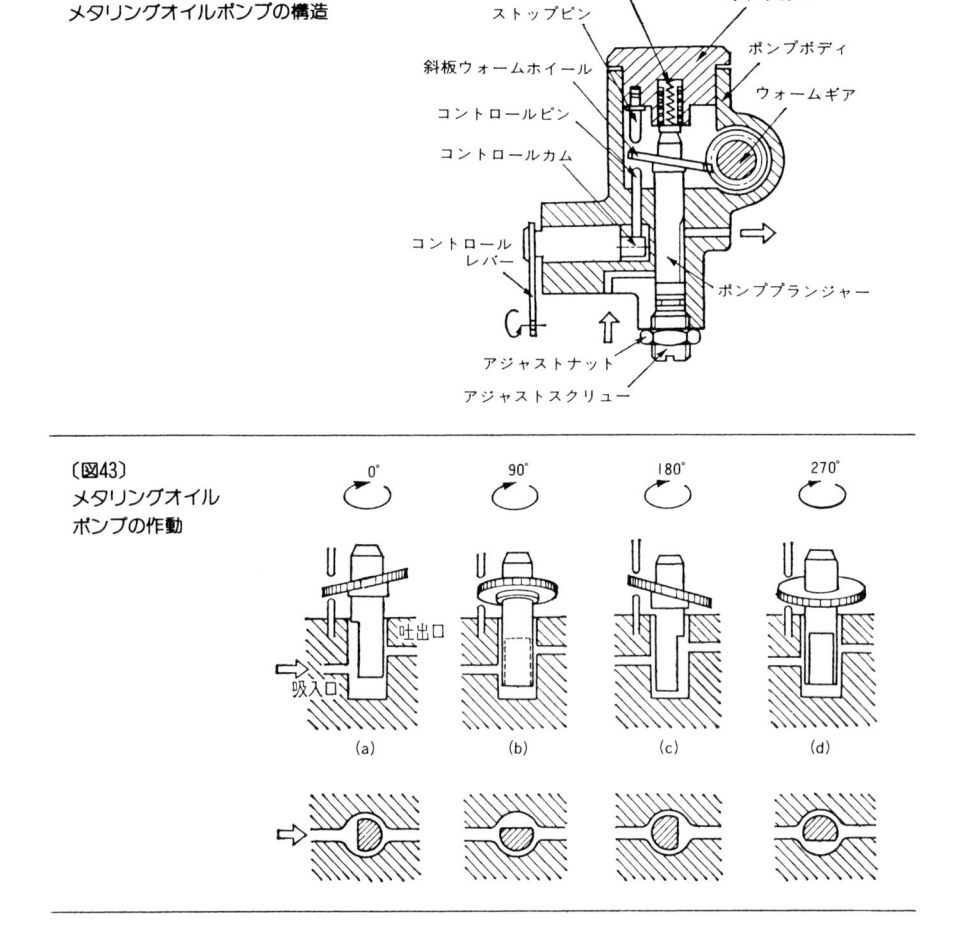

ⅱ） ガスシールしゅう動面の潤滑

　ガスシールとそのしゅう動面に供給される潤滑油は，潤滑作用とともに，ガスシールの気密性を向上させる役割も果たしている。この給油方法としては，燃料にあらかじめ潤滑油を混ぜる混合給油方式と，小型のオイルポンプを用いる分離給油方式がある。

　混合給油方式は，構造が簡単であるが，潤滑油の混合比率を常に高くする必要があるため，燃焼生成物によるシール膠着，点火プラグの汚損，排気煙の発生などが問題になりやすい。したがって，運転条件範囲の広い自動車用エンジンでは，エンジン回転数と負荷に応じて供給する潤滑油の吐出量が変化するメタリングオイルポンプを用いた分離給油方式が一般に用いられている。可変ストロークプランジャー式メタリングポンプの構造例を図42に，またその作動を図43に示す。

　ポンプの吐出量はエンジンの回転数に比例する。また，気化器のスロットルレバーとポンプのコントロールレバーを連結し，負荷に応じて，ポンプのコントロールカムの高さを変えることにより，プランジャーストローク，すなわち1回転あたりの吐出量を調整している。

iii）オイルシール

　強制圧送方式のロータリーエンジンでは，出力軸系の潤滑やローターの冷却を行なった潤滑油が，ローター側面とサイドハウジングとのすきまを通って作動室に洩れるのを防ぐためのオイルシールが設けられている。代表的な構造例を図44に示す。

　オイルシールはローター側面に設けた溝の中に組み込まれ，スプリングによってサイドハウジングに押し付けられている。このとき，オイルシールのサイドハ

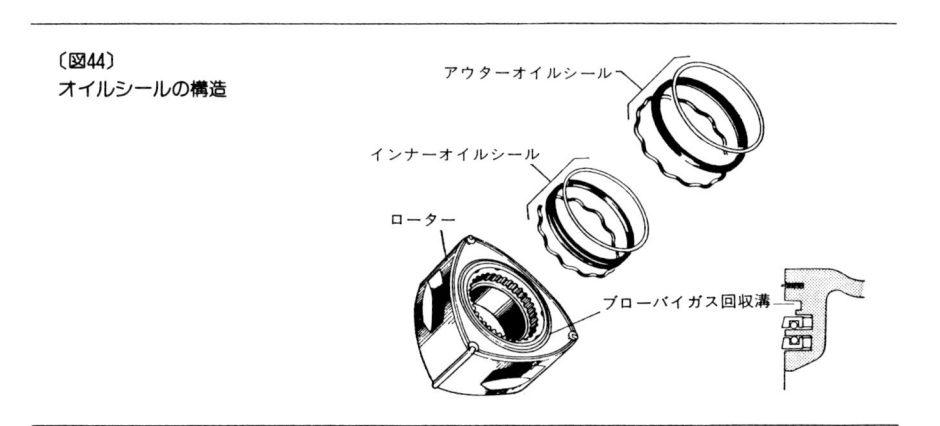

〔図44〕
オイルシールの構造

アウターオイルシール

インナーオイルシール

ローター

ブローバイガス回収溝

ウジングと接触する部分をオイルシールリップと呼ぶ。また，潤滑油がオイルシール溝の底部を通って洩れるのを防ぐため，オイルシールには"O"リングが組み込まれている。

5. ロータリーエンジンの特徴

　ロータリーエンジンはレシプロエンジンと比較すると，原理や構造などが基本的に異なるため次に示すような特徴をもっている。

(1)　出力のわりに小型・軽量

　レシプロエンジンのようにコネクティングロッドやバルブ機構がなく，またローターの3辺で作動室を形成しているため，出力に関係のない無駄なスペースが非常に少ない。また往復運動がなく，バルブがないことは機械としての効率が良く，さらに吸入行程の期間が長い(出力軸の回転角で1.5倍)ため高回転域でも充填効率が高くなり，しかもローターが吸排気ポートを直接開閉するため高回転でも常に正確な開閉時期が確保され，出力の面でも有利となる。

　以上の結果，出力のわりに小型・軽量で，6気筒のレシプロエンジンと比較すると，大きさ，重量ともおよそ3分の2程度であり，部品点数も少ない。

(2)　振動・騒音が小さい

　レシプロエンジンでは往復運動部分があるため，その慣性によって不つり合いの問題が生じ，複雑なエンジン振動を起こしている。一方，ロータリーエンジンでは回転運動部分のみから構成されるため，つり合い錘により完全につり合わせることが可能であり，エンジン振動が極めて少ない。また，吸排気バルブ機構を持たないため，バルブの開閉により出る機械騒音の発生はない。

〔図45〕
エンジン外形比較図

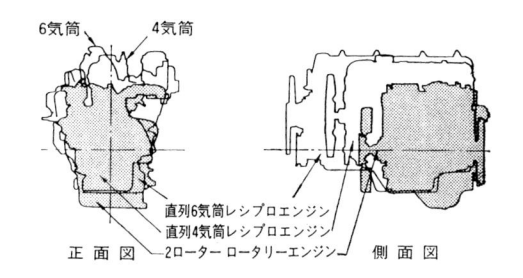

6気筒　4気筒

直列6気筒レシプロエンジン
直列4気筒レシプロエンジン
正 面 図　2ローター ロータリーエンジン　側 面 図

〔図46〕
エンジンの出力・重量分布

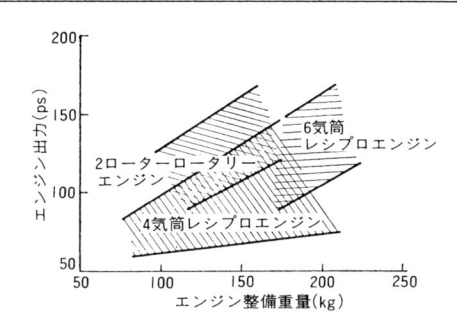

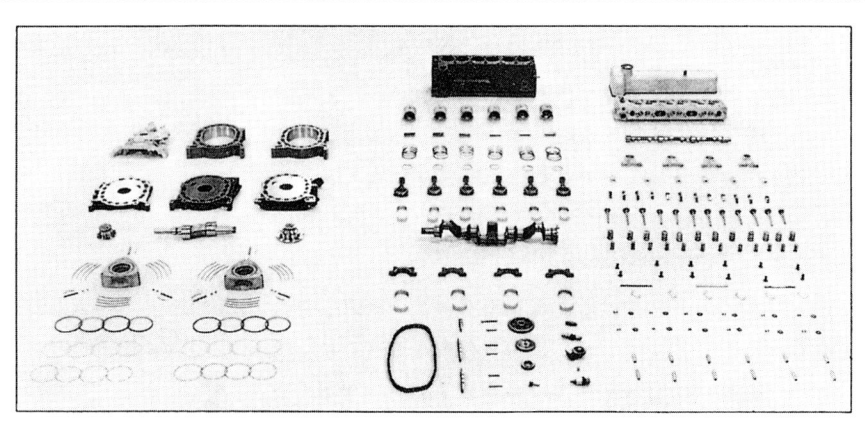

2 ロ ー タ ー ロ ー タ リ ー エ ン ジ ン　　　6 気 筒 レ シ プ ロ エ ン ジ ン

〔図47〕　エンジン主要部品比較

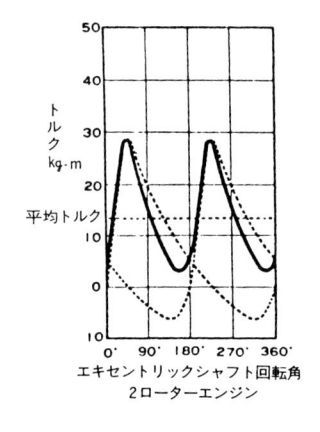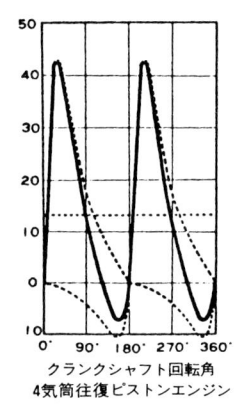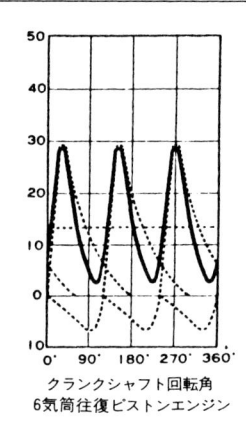

〔図48〕 指示トルク変化曲線

(3) トルク特性がフラット

図48は平均トルクを同一にした場合の2ローターロータリーエンジンと4気筒, 6気筒のレシプロエンジンのトルク変化を示したものである。レシプロエンジンの場合, 吸入から排気までの4行程が出力軸の回転角で720度で行なわれるが, ロータリーエンジンでは出力軸の回転角1080度で行なわれる。そのため, 2ローターロータリーエンジンでは, 各々のローターのトルク経過が互いに重なり合った合成トルク曲線を形成する。したがって, 出力軸1回転あたりの爆発回数は4気筒レシプロエンジンと同じであるが, 合成トルク曲線は変動が少なく, むしろ6気筒レシプロエンジンのトルク変動に近い特性を有する。

また, レシプロエンジンの場合, ピストンやコネクティングロッドの往復運動によって慣性力が生じ, これがトルク変動を起こしているため, 高速になるほどエンジン振動などが問題視されるが, ロータリーエンジンには往復運動部分がないので, 高速になってもトルク変動は問題にならない。

(4) 使用回転範囲が広い

ロータリーエンジンの場合, これまでに述べた特徴により, 使用回転範囲が広

い。すなわち，高回転化しても振動・騒音が小さい，充填効率が高くしかも正確なタイミングでガス交換ができるため出力低下が少ない，トルク特性がフラットであるなどの結果，低速から高速高回転域まで抵抗なく使用でき，もっている性能をフルに発揮できる。

第3章
ロータリーエンジン
開発の経緯

バンケルロータリーエンジンの歴史は，第1章で述べたように，在来のレシプロエンジンにくらべればまだ浅く非常に短期間に開発が行なわれ，現在の姿にまで完成されてきたわけである。レシプロエンジンの歴史の，わずか1/10にも満たないこのバンケルロータリーエンジンの開発は，当然のことながらいばらの道の連続であった。この章では，バンケルロータリーエンジンの誕生から現在に至る開発の歴史の中で発生したいくつかの難関と，その難関に敢然と挑んだ技術者達の苦闘とドラマにスポットをあて紹介してみたい。

1. チャターマークの解消

(1) チャターマークの発生

　昭和34年暮, "NSUバンケル, ロータリーエンジン開発に成功"のニュースは全世界に伝わり, この夢のエンジンは, 関係者の驚きと関心を引き起こした。

　世界の自動車メーカーは, 米国のカーチスライト社がまず, NSU社と技術提携し, 日本の東洋工業も, 昭和36年にNSUと提携を結んだ。

　開発状況の修得と, 現状での問題点を明らかにするため, 技術者による研修団がNSU社に派遣された。当時NSU社では, 250ccと400ccのエンジンテストが実験室と実車で進められていた。

　開発は順調にいっているものと期待を持ってきた研修団がそこで見たものは, "チャターマーク"と呼ばれるローターハウジングの波状摩耗であった。ある日突然, それまで快調に回っていたエンジンが回らなくなってしまうのである。

　ここでチャターマークについてもう少し詳しく述べてみたい。

　ロータリーエンジンは, 膨張, 排気の作動が, ハウジング内の決まった部分で

〔図1〕　アペックスシールのしゅう動

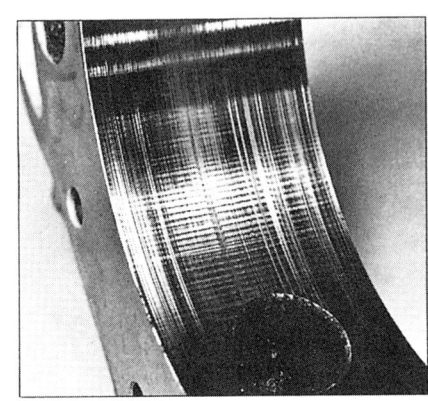

〔図2〕　チャターマーク

常に行なわれるため，その部分のしゅう動面及びシールは常に高温，高圧の燃焼ガスにさらされていることになる。このため，しゅう動面とシールの間にある潤滑油の粘度が低下したり，焼失したりして，油膜の保持が非常に難かしい。しかも高出力（高回転）で運転されるということで，さらに不利な条件になっている。そこで，アペックスシールとハウジングのトロコイド面の材質の組み合わせは非常に重要になってくる。

　開発当初採用された，硬質クロームメッキトロコイド面と鋳鉄シールとの組み合わせでは，シールとトロコイド面で一種の摩擦振動のような現象を起こし，トロコイド面のクロームメッキを波状にはく離させてしまう。これがチャターマークと呼ばれる波状摩耗である。

　研修団は，NSU社での研修中にこのチャターマークを発見し，ロータリーエンジンの前途に横たわる難関を覚悟し，悲壮な気持ちで帰国したのである。

(2)　チャターマークとの苦闘

　研修団の帰国後，東洋工業では，ロータリーエンジン開発のために，設計部，材料研究部，生産技術部，製造部，実験研究部よりなる，ロータリーエンジン開発委員会が設けられ，ロータリーエンジンの研究に着手することになった。

　設計関係者は，まずNSU社より送られてきた設計図をもとに，独自の設計製作による400ccの第1次試作エンジンを完成させた。そして先にNSU社から送られてきた，KKM400ロータリーエンジンと同時にテストが始められた。排気管からもうもうと白煙を吐きながらも連続運転に耐えたエンジンも，200時間後には突然出力が低下し，分解してみるとNSU社でみたあのチャターマークが，ローターハウジングの内面に現われ，不気味な光を放っていたのである。それはまさに，"悪魔の爪跡"と呼ばれるにふさわしいものであった。

　ロータリーエンジンは，出力，燃費，オイル消費等，基本的に研究しなければならないことはたくさんあったが，その前にそれらの研究に耐えうるエンジンをつくること，すなわち，チャターマークを解決することが最優先課題であるということが，あらためて確認されたのである。

　昭和 38 年 4 月，それまであったロータリーエンジン開発委員会は解散となり，新たに研修団の一員であった当時の山本設計部次長のもとに調査，設計，試験，材料研究の 4 課 47 名よりなるロータリーエンジン研究部が作られ，全社的な協力体制のもとで，本格的なロータリーエンジンの開発が始まった。

　部員 47 人も赤穂浪士をもじって 47 士と呼ばれ，まさに赤穂浪士のごとく，寝てもさめてもロータリーエンジンを，そしてチャターマーク対策を考え，来る日も来る日も，でてきたいろいろなアイデアや対策をおり込んだテストが続けられた。

　最初の段階はそれこそ試行錯誤の連続で，アペックスシールには，硬いもの，柔らかいもの，弾性のあるもの，銀を含んだ材料から，果ては，牛の骨までも，テストにかけられていった。

　一方では，チャターマークがなぜ起こるのかを解析するため，アペックスシールの動きや振動を測る技術の開発が進められ，当時はまだそれほどではなかったコンピューターを使う事も考えられた。

　こうしたいろんな方向からの努力がつみ重ねられて半年，"チャターマークはアペックスシールの共振によるビビリ現象で，シール自体の固有振動数が影響を与えているらしい"ということがわかってきた。その研究データをもとに，アペックスシールの改良に重点が絞られたのである。

　アイデアの一つに，「金属シールの先端近くに横穴をあけ，これと交差して縦穴をあける」というクロスホローと名付けられたアペックスシールがあった。さっそく耐久テストに入ったところ，今まで 200 時間もたなかったエンジンが 300 時間をこえてもまだ快調に回り，待ち切れず，分解してみると，果たしてチャター

〔図3〕　クロスホローアペックスシール

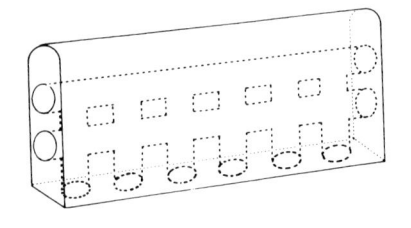

マークは発生しておらず，しかもアペックスシールも無事であった。技術者達は，試行錯誤の連続の中からついに一すじの光明を見つけだしたのである。

(3) カーボンシールの開発

　しかし，自動車用エンジンとして要求される十分な耐久性を得るためには，クロスホローアペックスシールでは，まだ十分ではなかった。

　再度基本に立ち返ろうと，ハウジング内面のクロームメッキについても，その改善に精力が傾けられた。さらに潤滑油の供給方法，潤滑油自体についても，その専門分野で改善が図られた。

　そんなある日，「パイログラファイトという高強度カーボン材料を日本カーボンが開発」という紹介記事が研究部にもたらされた。本来，カーボンは滑りやすく相手を傷つけることが少ない反面，もろくて折れやすく摩耗しやすいという欠点がある。しかしこの欠点が改善されれば，大いに可能性があるということで，日本カーボン㈱との技術折衝が行なわれ，共同開発が始まった。

　両者の協力による最初の試作品は，その期待にもかかわらず瞬時に破壊してしまい，その後の開発はまた難航を極めた。

　しかし，企業の壁をこえた技術者達の新技術への挑戦は，決してあきらめることなく続けられ，3年後の昭和41年に，アルミニウムを特殊な方法で浸み込ませた高強度カーボンシールを完成させたのである。それは10万km走行後でもわずか0.8mm程度の摩耗量しか出ず，しかもあのチャターマークはまったく出ないというすばらしいものであった。

　この特殊カーボンシールの開発により，チャターマークは完全に解消すること

〔図4〕
アルミニウム含浸
カーボンアペックスシール

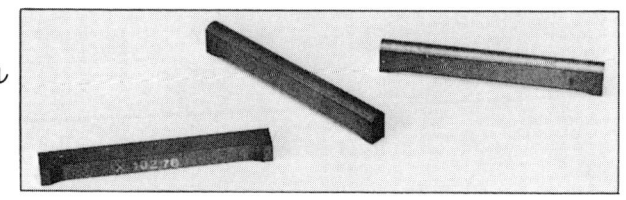

ができ，チャターマークという言葉は，その後技術者の間では聞かれなくなった。

　このシールの完成により，一つの大きな難関を突破し，ロータリーエンジンの耐久性は，飛躍的な向上を見，不可能と言われた実用化に一歩近づいたのである。

2. オイル消費の改善

(1)　カチカチ山のタヌキ退治

　ロータリーエンジン研究部が，チャターマーク対策とともに，最重点課題として取り組んだもう一つの項目にオイル消費の改善がある。

　昭和37年初春，東洋工業のロータリーエンジン搭載試作第1号車が完成し，テストコースで，走行テストが行なわれた。

　技術者の見守る中，セルモーターが2～3回まわされ，エンジンがようやく始動すると同時に，排気管からもうもうたる白煙が上がった。そして走り出した車の後にいつまでも消えることなく白煙の帯がつづいていた。技術者達は，白煙を上げて走るロータリーエンジン車に「カチカチ山のタヌキ」というニックネームをつけ，白煙をなくすという開発目標は「カチカチ山のタヌキ退治」と命名されたのである。

　白煙は，エンジン内部を潤滑したり，ローターを冷却しているオイルが，燃焼室内に洩れて混合気と一緒に燃えて出てくるものである。オイルが燃焼室内に洩れないようにするためにオイルシールが装着されているが，このシールが不十分であることが白煙発生の原因なのである。

　当然，対策は"性能の良いシールの開発"ということになるが，レシプロエンジンの経験からすれば大したことはなかろうと，技術陣はかなり楽観的に考えていた。

　しかし，いざ手をつけてみると，レシプロエンジンとロータリーエンジンの構造があまりにも違いすぎるため，これまでのレシプロエンジンで得たノウハウは

あまり役にはたたず，なかなか手ごわい相手であることを思い知らされたのである。

(2)　**トーヨータイプオイルシールの開発**

　昭和38年暮，研究部の全員は，山本部長から宿題を与えられた。「正月休み中に少なくとも5つのアイデアを考えてこい」というもので，お正月の雑煮を食べるときにも，頭の中にはオイルシールがかけめぐった。一方，オイルシール機能の基礎解析も併行して進められ，レシプロエンジンのピストンリングがオイルをかき取る現象などを参考に，オイルシールがかき取った後，サイドハウジングの表面に残るわずかなオイル量（一般にオイルフィルムと呼ばれその厚さは数ミクロン）を計測する技術や，オイルの動きを超高速度カメラでとらえる技術などが開発され，オイルシールの挙動解析を飛躍的に進歩させた。

　このように基本にたち返った研究が続けられた結果，オイルシール機構として一つの方向が見いだされたのである。それはNSU社が使用しているコンセントリック方式と違い，ローター側面の溝にリング状のシールを装着し，サイドハウジング面との気密は，スプリングで押し付けたシールリップで行ない，溝側面との気密はゴム製"O"リングで行なう方式のものである。

　この特殊なオイルシール部品の開発に大きく寄与したのは，日本ピストンリング㈱と日本オイルシール㈱である。前者は，硬度の高いクロームメッキに関して

〔図5〕
トーヨータイプオイルシール

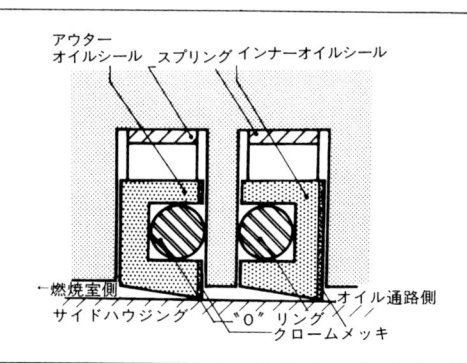

世界でも第1級の伝統的技術を持っていた。後者は，ゴム加工技術では世界のトップレベルにある企業である。しかし，従来の技術常識では考えにくい難題，つまり非常に高温にさらされる内燃機関の燃焼室付近にゴム材を使うということで，最初開発依頼をうけた日本オイルシール技術陣もびっくりしたようであるが，技術陣の熱意により新技術への挑戦が行なわれたのである。

このように強力な援軍と，東洋工業技術陣のガッチリしたスクラムにより，白煙対策オイルシールの開発は徐々に進んでいった。

ここでもう少し詳しく，このトーヨータイプと呼ばれる独自のオイルシール機構の開発経過を振り返ってみることにしたい。

東洋工業は昭和37年末頃，その理由については後述するが，技術導入初期の1ローターから2ローターへと進路変更し，さらに1年後には吸入方式もペリフェラルポート（円周孔）方式から，サイドポート（側孔）方式に変更した。これによってオイルシールの方式も，コンセントリック方式とは異なった，サイドポートに適した方式を開発しなければならなかったのである。

つまり，ローター側面にオイルシールを装着し，サイドハウジング面でシールするトーヨータイプは，ローターの遊星運動をうまく利用して，オイルシールがサイドハウジング表面のオイルをかき取ったり，のり越えたりすることにより，オイルが燃焼室内に入らないようにするのである。わかりやすくいえば，たとえばコップの中に少量の砂糖を入れた場合を考えてみてほしい。それを，平板の上にふせ，コップが平板の上から離れないように動かしたとする。大半の砂糖はコップの中に残っているが中には外に洩れるものが出る。この外に出たものをすばやく取り込むようにコップの先端を外から内に斜めにそいだとする。コップは外に出た砂糖の上をのり越えそして戻る時は，内側のエッジで砂糖を取り込んでくる。

トーヨータイプのオイルシールもまさにこの原理を応用したもので，オイルシールの先端に傾斜をつけ，図6のように一方へ動くときはオイルをかき取り，反対方向へ動くときにはそれをのり越えるようになっている。

〔図6〕
オイルシールの作用

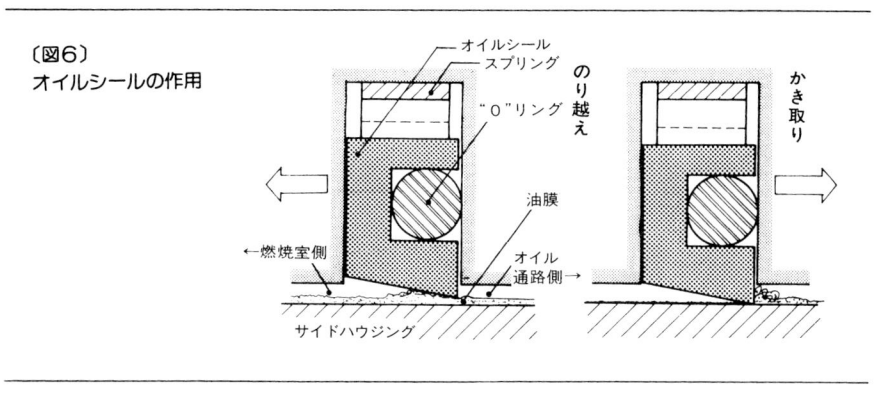

〔図7〕
金太郎アメとオイルシール

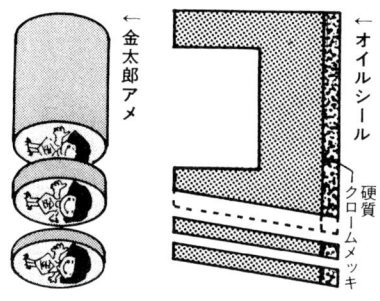

(3)　金太郎アメの原理

　しかし，実際にこれをものにするまでにはまだまだ問題があった。それは，オイルシールリップ先端が摩耗して丸くなってはシール効果がなくなるため，常に先端が鋭いエッジを保つ必要があるという極めてきびしい要求条件であった。事実，この問題はオイルシール開発でもっとも大きなポイントでもあった。このテーマに向って，耐摩耗材料と名のつく材料はあらゆるものがテストにかけられていった。

　あるものは硬すぎて相手面をきずつけたり，またあるものは，剛性が高すぎて，相手面に充分そうことができない，というようになかなかうまくいかなかった。しかし，この問題は子供がなめていた金太郎アメからヒントが得られたのである。"なめてもなめても金太郎の絵が出てくる。"すなわち図7のようにオイルシール面

の一部に硬質クロームメッキをすることにより，いくらリップが摩耗しても先端は常に硬質クロームメッキが現われ，鋭いエッジを保つことができる，しかも一部分のみのクロームメッキであり本体は剛性の低い材料を使え，相手面とのシール性も確保できるというシールが完成したのである。このアイデアを製品化するのに，日本ピストンリング社のクロームメッキ技術が大きく貢献したことはいうまでもない。

この開発により，白煙の問題は一応，解決の方向へと向ったのである。

(4)　ガス軟窒化処理技術の応用

しかしその後，排出ガス規制とオイルショックという2つの大きな波に襲われ，エンジンはその対策のため，基本仕様をも変えるような変更を余儀なくされ，車の寿命も従来よりはるかに長いものが要求されるようになってきた。

ロータリーエンジンもこの例に洩れず，しかも，ロータリーエンジンはガスシール潤滑のため，少量ではあるが，オイルを燃料の中に混入して使用していることもあり，過酷な条件でしかも長時間運転使用されると，摩耗限度をこえてしまうものも中に出，オイル消費悪化の問題が再びクローズアップしてきたのである。

より完全をめざす技術陣はすぐさまこの対策にかかり，オイルシール側，相手面のハウジング側の両面より検討を行ない，硬質クロームメッキシールに適するのは，窒化処理ハウジングが良いという結論を得た。

〔図8〕
ガス軟窒化処理サイドハウジング

ガス軟窒化処理

　しかし，一般の窒化処理では時間がかかりすぎる問題があり，ガス軟窒化処理技術を応用し，時間短縮をはかり量産ベースにのせることに成功したのである。

　ガス軟窒化処理は今でこそ一般的な技術であるが，当時サイドハウジングのようなきびしい平面度を要求されるものには，適用不可能とさえ言われていた。この解決には，東洋工業の各種部門からなるプロジェクトチームが結成され，昼夜を問わない開発があった。

　この開発により，ロータリーエンジンのオイル消費問題は完全に終止符がうたれ，以後，白煙問題は遠い過去のものになったのである。

3. 歯車機構の開発

(1)　歯車の研究

　ロータリーエンジンがレシプロエンジンと大きく違う点の一つとして，歯車機構があげられる。これはバンケルエンジンが第2章で述べたようにトロコイドという曲線を使用しているために，必要かくべからざるものである。そしてこの歯車にもまた一つの開発の苦闘があったのである。

　極めて初期のエンジンでは，突然エンジンが回らなくなるという問題を起こしていた。このエンジンを分解してみると，内部の歯車が粉々になっているという背すじが寒くなるような現象であった。

　この問題の原因究明という，難解なテーマを与えられたのは，若い電気畑出身の一人の技術者であった。

　"歯車のうける力を電気的に正確に測定せよ"というのが彼に与えられた命題であった。彼はまず測定できるエンジンをつくることから始めねばならなかった。そして，ローター側の歯車のうける力の反力をうける，固定歯車のねじり応力を測定するようにしたエンジンをつくり上げた。

　この一つのテーマに，昼夜を問わず全精力を打ち込んでいった彼は，大学の研

〔図9〕
歯車機構

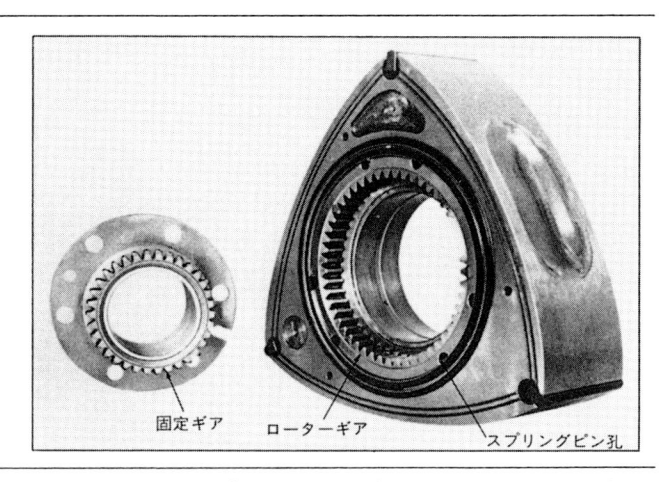

固定ギア　　ローターギア　　スプリングピン孔

究室の扉をたたくことも再々であった。家に帰っても奥さんを相手に今では想像できない手回し計算機をまわしつづけた。しかし，なかなか突破口は見出せず，迷路にまよいこんだある日，青い顔をしてその苦しさを課長にうったえた。

　しかし，課長はガンとしてその道を進むよう命じたのである。開発技術者としての負けじ魂で再び元気を取り戻した彼は，ある日，これまで得ているデータを何となくながめているうち，一つの重大なヒントに気付いた。大学時代に電気工学を専攻し，交流回路における電気振動を主にやってきたが，歯車のうける力の挙動が，電気的共振現象と非常に似ているのである。このヒントを得て，歯車が本当に共振しているかどうかをつかむため，それからまた計測を繰りかえし，オシログラフをつかってデータの収集を行なっていった。こうしたつみ重ねを行なった結果，エンジンの常用回転域に歯車が共振するところがあるということをつかんだのである。

　こうして得られた膨大なデータから，歯車の挙動に関する一つの理論をつくりあげた。この理論は，今までわからなかった，突然歯車がこわれるという問題に明快な解答を与えてくれた。米国で行なわれた第2回ロータリーエンジン国際会議でこれを発表するや，並いる技術者から，この理論が高く評価されたのである。これもまた基本的問題の解明がいかに重要であるかの好例でもあった。

(2)　歯車の対策に向けて

　現象が解明され，歯車の歯面にかかる荷重を軽減するための対策としては，共振点をエンジンの常用回転域の外にずらすことに重点をおいて検討が進められた。

　ローター側歯車自体のバネ定数を変えて，フレキシビリティを与える方向で，種々のアイデアが考えられ耐久テストにかけられた。その結果，当初のボルトを使用したローター側歯車の取付け方法に変えて，ローターと歯車の結合をスプリングピンを用いて取付ける方法が開発されたのである。くわしくは第4章で述べるが，この開発によって以後，歯車の問題はなくなり完全な解決を見たのである。

4. じゃじゃ馬ならし

(1)　じゃじゃ馬ロータリーエンジン

　ロータリーエンジンの魅力と言えば，何といってもそのすばらしい動力性能と静粛性をあげることができる。なめらかな加速感，踏めば踏むだけ上昇する回転，低速から高速までどこからでも加速できるレスポンスの良さ，高速になればなるほど他と差がつく静かさ，などは運転の楽しさを満喫させてくれるものである。

　もともとロータリーエンジンは，レシプロエンジンと違い，往復運動がなく回転運動であるということで，基本的にすぐれた素質は持っているのであるが，このすばらしいロータリーフィーリングを現在のように十二分に引出すためには，技術者の血のにじむような努力と創意工夫があったのである。

　400cc シングルエンジン搭載車で始まった走行テストは，白煙の問題もさることながら，その運転性に大きな問題を示した。エンジンの回転の高い部分では実にスムーズに走るが，回転の低いところでは非常に不安定になるのである。エンジンブレーキのときの振動はとくに激しく，ちょうど気性の激しいあばれ馬に乗ったような感じであった。同乗した人の中には，車から降りた時，「まるで電気アンマにかかったようだ」と表現した人もいた。

　この問題はまさにじゃじゃ馬ならしと呼ぶにふさわしく，連日連夜関係者による討議が繰り返され，「基本的問題はなにかを整理し，ひとつずつ問題点をつぶそう」という基本方針が確認され，開発に拍車がかかったのである。

(2)　2ローターロータリーエンジンへの転換

　設計〜試作〜テストの繰り返しにより，技術陣の経験がふえるにつれて，シングルロータリーエンジンの性格が実感としてつかめてきた。

　つまり，シングルローターはちょうど2サイクルと同じようにローター1回転に1回の爆発であるため，回転力の変動が大きく，とくに低速回転での振動が大きいという特性がある。そこで，これを2ローターにすれば爆発回数はシングルローターの倍になる。これはシャフト1回転で2回の爆発を持つ4サイクル4気筒と同じである。これをトルク変動でみた場合さらに良い方向にいき，第2章で述べたように6気筒レシプロエンジンのトルク変動に近い特性となる。

　そのため将来世に出す車，モータリゼーションの進み具合，さらにロータリーエンジンのあるべき姿を考え合わせて，「自動車エンジンとしては2ローターでいこう」という決断を下したのである。

　シングルローターでさえ満足でないこの時点で，さらに技術的データの少ない2ローターエンジンに取り組むことは，当時としては大きな冒険であった。しかし，取り組んでみると，2ローターエンジンの素性は技術陣の予想をはるかに上まわって良いことがわかった。結果的にはこれが大英断となり，ロータリーエンジンの量産化を早めることになり，世界で初めて2ローターエンジン搭載車の完成に至る，まさに出発点となったのである。

(3)　サイドポート吸入方式の開発

　一方，開発当初に研究されたエンジンの吸入方式は，吸入抵抗が少なく，高速馬力には有利なペリフェラルポートだったが，吸入口と排気口が同時に開く期間（オーバーラップ）があるため，燃焼したガスがこれから燃焼する混合気とまざり，極低回転ではエンジンが不安定になりやすいという性質があった。この対策

として，吸入方式の改善が必要だったが，NSU 社の開発状況を見てきた技術陣は，吸入方式をガラリとかえてしまうことは他の要素に大きな影響を与えると，かなり長期戦を覚悟した。

混合気の流れや，排出ガスの流れを計測するなどの基礎実験をくりかえし，いろいろなアイデアを検討していった。そしてついに昭和 38 年秋，それまでのペリフェラル吸入方式とは 90°違った方向のサイドハウジングから吸入する，サイドポート吸入方式の採用にふみきったのである。この方式では，燃焼ガスと混合気とまざる度合が少なくなり（オーバーラップが少ない），低速の燃焼が安定する利点があった。

この採用にあたって技術陣は，"何か未知の現象が出ないか？"と危惧したが，それはその後のテストによって思いすごしであることがわかった。サイドポート方式のエンジンがのった車はこれまでのものと，くらべものにならないほどの安定感を与え，とくに低速を主に使用する状態ではその威力を十分に発揮することになった。

(4)　2 スパークプラグの誕生

東洋工業では，昭和 40 年春，世界的規模と設備を持つ"三次テストコース"とあらゆる気象条件を再現できる"全天候型シャシーダイナモメーター"を完成させた。これにより，ロータリーエンジンの開発は一段と拍車がかけられた。

三次テストコースでは，200km／h 近い高速テストが行なわれ，また全天候型シャシーダイナモメーターでは，北海道やカナダを想定した－20℃以下の始動テストや，猛暑を想定した＋40℃近い条件での走行テストが行なわれた。このようなテストにより，超高速走行時にミスを起こしたり，極寒時にチョークを引きすぎると点火プラグがぬれてエンジンのかかりが悪いという，実用上の問題も明らかになってきた。

これは，ロータリーエンジンの燃焼室が偏平であることも一つの要因となっており，低速から高速まで安定した燃焼を引き出すことをテーマに，燃焼の解析，火炎の伝ぱの計測等をやり，さまざまな改良案の検討とテストが行なわれた。そ

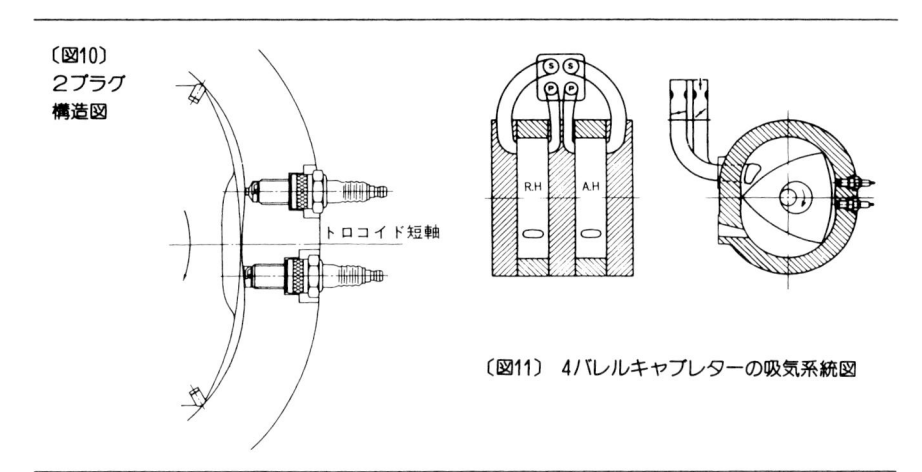

〔図10〕
2プラグ
構造図

トロコイド短軸

R.H A.H

〔図11〕 4バレルキャブレターの吸気系統図

して偏平な燃焼室でも安定した燃焼を引き出すには，1プラグでは無理が多く，1ローターあたり2つのプラグ，2ローターでは4本のプラグをつけるのが良いという結果が得られ，2プラグ方式の採用が決定されたのである。

(5) 4バレルキャブレターの開発

　こうしてベースエンジンの開発が着々と進められる一方，その性能を充分引き出すために，補機類の開発も併行して進められた。

　とくに，エンジンの性能を引き出す上で非常に大きな影響を持つキャブレターは，レシプロエンジン用の2ステージ2バレルキャブレターで当初スタートした。ところがこれでは，"入口が1つで入るところは2カ所"となり，2つのローター間の吸気干渉や脈動の問題があり，ロータリーエンジン本来の性能ポテンシャルを引き出すには不充分であった。技術陣はここでもまた挑戦をするのである。"ロータリーエンジンに適したキャブレターがかならずある！"これを合言葉に，さまざまな基礎実験を繰り返し，各ローターに吸入される混合気を独立にする方向に持っていけば，1つのキャブレターで無理やり調節することにより起こっていた性能ロスがなくなり，ロータリーエンジンが持っている本来のポテンシャルを最大限に引き出せることをつかんだ。2バレルキャブ2個分をいかにコンパクトに

まとめるかに開発の焦点が絞られ，日本気化器㈱や日立製作所㈱の協力を得て，ロータリーエンジン独特の2ステージ4バレルキャブレターが生まれたのである。

5. 排出ガス対策と燃費改善

(1)　実用化と同時に始まった排出ガスとの戦い

　"チャターマーク"や，"カチカチ山のタヌキ"に代表される信頼性・耐久性の問題を克服することで，実用化という第1の難関を突破し，ロータリーエンジンはコスモスポーツにのって世に出ていった。

　ところが，この生まれたばかりのロータリーエンジンの前に，思ってもみなかった，排出ガス規制という第2の難関が待ちうけていたのである。

　1960年代の後半になると，日本ではまだそれほどではなかったが米国のカリフォルニアあたりでは，すでに大気汚染の問題がクローズアップされ始めていた。ロータリーエンジンはその構造の特徴，とくに燃焼室が偏平であることから，燃焼室内の壁付近では火炎が冷却されるため，壁に付着したごくわずかな燃料は燃焼せずに排出されてしまう。また，燃焼室の偏平なことは燃焼ガスの最高温度を下げ，既存のレシプロエンジンほど高くならない。このような特徴のため，ロータリーエンジンの排出ガス中の有害成分は，レシプロエンジンとは逆に燃焼温度が高いと発生が増える NO_x （窒素酸化物）は少ないが，HC（炭化水素）は多いという傾向がある。

　このHCの多さでロータリーエンジンは，"これからの排出ガス規制の時代を乗りきるパスポートを持ち得ない""ロータリーエンジンは今後永遠にアメリカを走ることはないだろう"とさえいわれてきた。

　すばらしいフリーウェイが広がる広大な自動車の国，ロータリーエンジンがその真価を発揮するのにもっとも理想的な国，アメリカへの上陸には，まさに思わ

ぬパスポートが必要となったのである。

(2) サーマルリアクターの誕生と米国上陸

　誕生と同時に，しかもレシプロエンジンより早い時期に，排出ガス対策に取り組まねばならなかったことは，ロータリーエンジンにとって極めて過酷な試練であった。しかし幸いにも，ロータリーエンジンの歴史はまだ浅く，しかもそれに取り組んだ技術者達も若く，既存技術にとらわれない自由な発想ができる土壌があった。そして何よりもかえがたいバイタリティを持っていたことは大きな救いであった。

　「HC の多いロータリーエンジンではその対策が難しい」という声に発奮し，「HCは多いが，NO_xは少ない，それなら HC を積極的に燃やしてやろう」ということで，熱反応器の構想がでてきた。排出ガス中にある燃え残りのガソリンである HC を，エンジンから出た後の排気管の途中で再燃焼させようというのである。当然

〔図12〕　R100用ロータリーエンジン

のことながら，この熱反応器（サーマルリアクター）の実用化にあたっては，熱による問題が多く，休むことなく開発が続けられた。その中からこれまでに例をみない耐熱材料や熱膨張に耐える構造が生み出されていったのである。

このようにして完成されたサーマルリアクターは，エアポンプで空気を送り込んで排出ガス中の HC, CO（一酸化炭素）を無害な成分に変えるシステムであり，REAPS（ロータリー・エンジン・アンチ・ポリュウション・システム）と名づけられた。

1969 年 10 月，このシステムを乗せた R100（ファミリアロータリークーペ）は，米国連邦政府の排出ガステストに見事合格。それまでの世評を覆し，米国への上陸第 1 歩を印したのである。

(3)　マスキー法案への対応とその発展

アメリカに遅れること数年，国内でも「新宿牛込柳町交差点での排出ガス公害事件」が発生。米国でも「ロサンゼルスのスモッグ公害」が最悪の状態となり，排出ガス規制強化の声が日に日に強くなってきた。そして 1970 年 12 月，マスキー上院議員提案の大気清浄法，世に言う "マスキー法" がついに米国連邦議会で可決された。この法案は，1975 年以降の車に対し HC, CO の排出をこれまでの 10% 以下に，1976 年以降は NO_x も 10% 以下にするというきびしいもので，大半のメーカーが達成不可能を表明する中で，東洋工業はマスキー法 1 年延期の公聴会の席で，「当社のロータリーエンジンは規制値の達成は可能」と証言し，内外に多大な反響を呼んだのである。マスキー法をクリアできることを立証するために，マスキー屋と呼ばれるプロジェクトチームが結成され，燃料系，浄化系からエンジン本体の改良まで，あらゆる機能について，総点検が行なわれ夜を日についでテスト車の開発が続けられた。

しかし，その完成までには残された問題も多く，試作，実験，改良が何度も繰り返された結果，ようやく自信のもてる MCC（マスキー・コンセプト・カー）II と呼ばれる車を完成させたのである。

1973 年 2 月，東洋工業の威信をかけたこの車はデトロイト近郊にある EPA に

〔図13〕
排出ガス対策

　送り込まれ，期待どおりのテスト結果をおさめ見事に規制をパスした。

　米国からの第1報は，「すべて順調」という短いが全てを凝縮したものであった。今か今かと待ち望んでいた関係者から，この時期せずして"バンザイ"の声が上がった。この時，関係者の胸中に去来したものは"どんな困難なこともやればできる"まさにこれだった。

　マスキー法はその後数年延期されることになったが，ここで開発された技術は，その後の低公害車開発に大きく貢献した。

　昭和47年10月には，国内初の低公害車として，REAPS搭載のロータリーエンジン車，ルーチェAPが世に出，その後に出た国内マスキー法と呼ばれる50年規制に対しても，さらに改良されたロータリーエンジンで難なくこれをクリアした。そして通産省が低公害車の開発普及のために推進しているITP（低公害車優遇税制）の適用を国産第1号として認められ，東京都庁低公害車の指定も受けたのである。

⑷　オイルショックによる燃費問題表面化

ロータリーエンジンが世界の先頭を切ってその低公害化を実現した直後に，またしても第3の難関にぶつかった。ロータリーの低公害車が発表された，ほんの数ヵ月後の昭和48年暮に，突如として，あのオイルショックが起こったのである。

この時期に発売された低公害車は，排出ガスを浄化することを最優先として，浄化性能と耐久性に重点をおいていた。このため混合気を多少濃くしたり，点火時期を遅らせていたので，その分だけどうしても燃費は悪くなる傾向にあった。そのタイミングを狙ったかのように起こったオイルショックにより，省エネルギーがいっせいに叫ばれるようになり，ロータリーエンジンの前に，燃費改善という新たな技術的課題が登場した。

このため技術陣は，ロータリーエンジンの燃費改善という第3の難関に向って休む間もなく取り組みを開始した。

⑸　技術で叩かれたものは技術で返す

ロータリーエンジンの燃費に対する風当りが強くなっていた昭和49年1月の記者会見の席上，当時の松田社長が「ロータリー車の40%燃費改善を来秋までに実現したい」と表明すると，"そんな改善はできるはずがない"といった見方も一方ではあり，大きな反響を呼んだ。

もちろん，燃費改善の道はけわしく，排出ガス浄化の方向と相反する関係を持っていることと，エンジンの信頼性や商品性を同時に改善する必要もあったので，それは一層きびしいものであった。それでもロータリーエンジンを何とかして復活させようとする技術陣にとって「燃費40%改善」は文字どおりの至上命令であり，"技術で叩かれたものは技術で返す"を合言葉に一丸となって取り組んだ。エンジン本体の改良，キャブレターや点火時期などのセッティング関係，排出ガスを浄化する装置の改善などの特別プロジェクトチームも発足し，それぞれのグループが小集団活動で毎日夜遅くまで討議を重ねていった。

その中から出てきた燃費改善のアイデアは机上検討と，確認テストにより振り

分けられ，各段階ごとにコンセプトエンジンとして仕立て上げられていったのである。

このような開発を進めた結果，ヒートエクスチェンジャー（熱交換器）付サーマルリアクターシステムが生まれてきた。一方エンジン本体のガスシール性能の改善もなされてきた。

ヒートエクスチェンジャーのアイデアは，ちょうど車に台所のガス湯沸かし器を積み込むといったようなことである。つまり，サーマルリアクターで排出ガス中の HC, CO を再燃焼させるに必要なエアポンプからの 2 次空気をそのまま入れると，全体としてガス温を下げてしまい混合気を薄くする，すなわち，燃料を絞ることができない。そこで，サーマルリアクターから出た後の排出ガス熱を利用し，2 次空気を積極的に熱してやろうというのである。

この通常では考えられないようなアイデアである，2 次空気加熱装置（ヒートエクスチェンジャー）の開発はまた，車への装着の難しさと，高温でしかも振動が加わるということで，耐久性が大きな問題となり困難の連続であったが，構造，

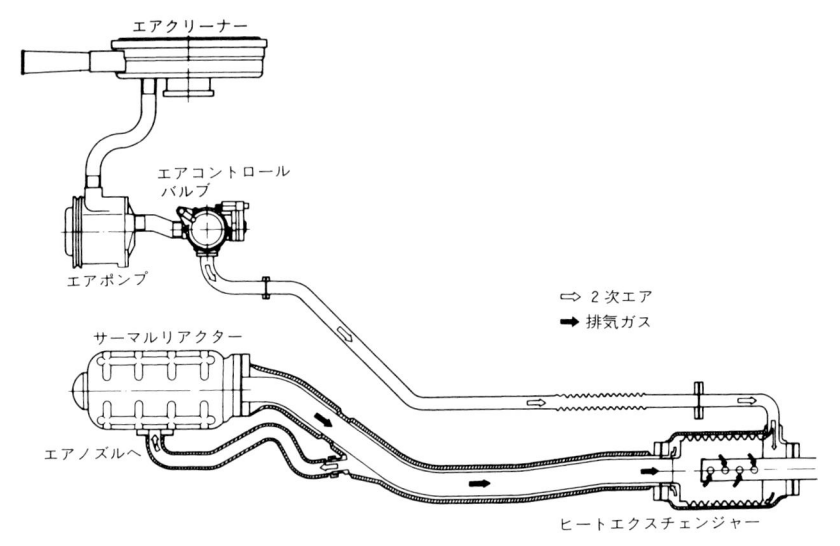

〔図14〕 ヒートエクスチェンジャー付サーマルリアクターシステム

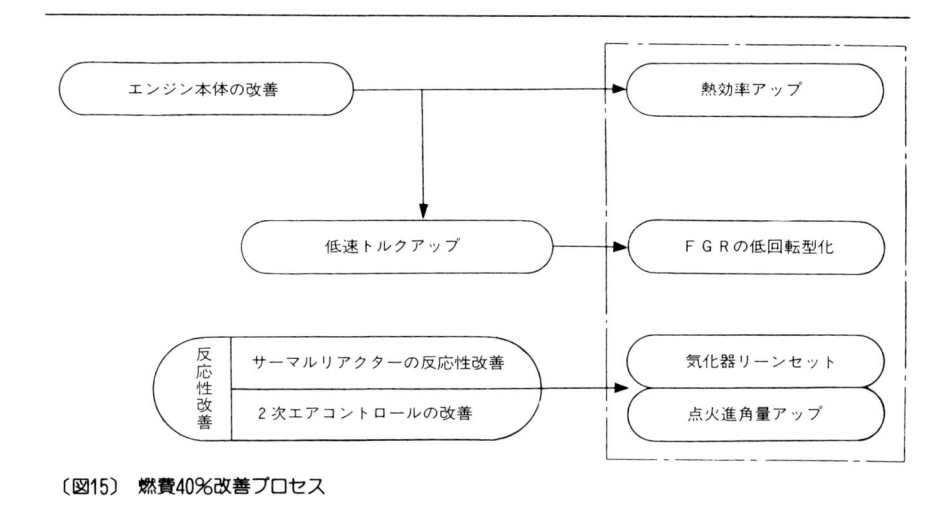

〔図15〕　燃費40％改善プロセス

材料，製造技術の見直しにより，自信のもてるものになった。

　こうして開発されたヒートエクスチェンジャーの効果は期待どおり非常に大きく，他の改善と合わせて40％の燃費改善をはかることができたのである。また，この装置は排出ガス熱を再利用するため，排出ガス温度を下げて車のフロアー回りの温度も下げるという一石二鳥の効果もあった。

　昭和50年10月28日の新車発表会の席上での「今回約束の燃費40％改善を達成しました。」という発表は，死に物狂いで頑張った技術陣にとって意味深い言葉であった。

⑹　希薄燃焼型ロータリーエンジンの完成

　このようにして公約の燃費40％改善を実現した結果，レシプロ同馬力車と同等の燃費性能となった。しかし燃費競争がますますし烈になる中でロータリーエンジン車の燃費をさらに改善していく場合，サーマルリアクターによる排出ガス浄化装置では，エンジン本体の熱効率アップに対して，希薄混合気による反応に限界があるところまできてしまった結果，次の課題として触媒を用いた排出ガス浄

化システムの開発が進められることになった。

　この開発の基本テーマは，①触媒の浄化率の負担を軽くするために触媒に入る前の排出ガス中の有害成分を極力減らすこと，②ロータリーエンジンに適した触媒装置を開発することの２つに絞られた。

　触媒に入る前の排出ガス中の有害成分は，減速時の失火により多く発生し，これをできるだけ少なくする必要があり，このために，片側シャッターバルブというユニークな機構を採用し，減速時の少ない混合気を片側の作動室に集めて着火率を向上させることによって，未燃成分を減らすことが可能となった。

　また触媒装置の開発では，触媒（ペレット）の開発と同時に，触媒を詰めているケース（コンテナー）の開発が非常に難航した。排出ガス中の有害成分と触媒の反応により高温となって，ケースが熱変形などで破れてしまうという問題が生じたからである。このケースの改善のために，材料と構造の両面より検討が進められた。熱間強度が高くしかも，熱疲労にも優れた特殊な耐熱合金を新日鉄と共同開発し，これを導入したのをはじめ，構造についてもサーマルリアクター開発で得られたノウハウを活かし，ユニークでしかも耐久性にすぐれた構造が採用された。

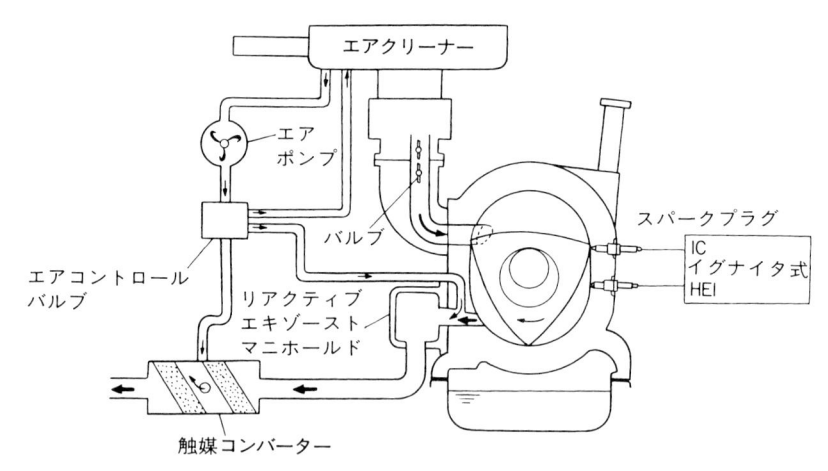

〔図16〕　希薄燃焼型ロータリーエンジン

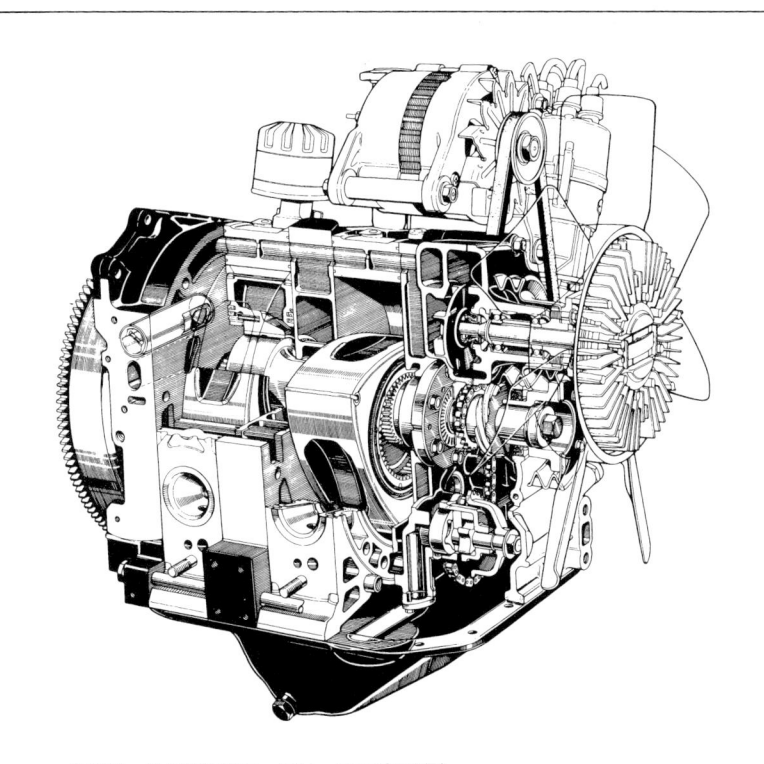

〔図17〕　希薄燃焼型ロータリーエンジン6PI

　この間には，実に 100 種類以上の構造が考えられたのである。その他にも，エンジン本体，点火系等，改善は多岐にわたって行なわれた。

　このようにして完成した触媒装置付ロータリーエンジンは，混合気を薄くすることが可能となり，これまでのエンジンよりさらに 20％の燃費改善ができた。この改良エンジンは，希薄燃焼型ロータリーエンジンと名付けられ，昭和 53 年春，世に出ていった。

(7)　6 PI 機構の導入

　ふり返って見ると，試作第 1 号エンジンが「まわった，まわった」と喜んだあ

の時から現在まで，実に，20年近くの歳月が流れていた。

　ロータリーエンジンの誕生，実用化への挑戦そして引き続き行なわれた数々の改良の積み重ねにより，これまでのウィークポイントは現在の希薄燃焼型ロータリーエンジンの完成をもってすべて解消されたといえる。しかしこれで終りではない。ロータリーエンジンは人間でいえばちょうど成人式をすませたばかりのところであり，これから一人前の大人としてこれまで以上に市場のニーズに即応するため，円熟しつつある。

　その一つが，燃費の大幅改善を実現し，56年11月新型ルーチェ，コスモに搭載され発売された希薄燃焼型ロータリーエンジン6PIである。その詳細は第8章で説明するが，希薄燃焼型ロータリーエンジンをベースに，6PI（6ポートインダクション）と呼ばれる可変吸気機構を導入したもので，そのユニークさと，大幅な性能向上とにより人々の関心を引きおこした。

　このように希薄燃焼型ロータリーエンジンのポテンシャルはまだまだ高く，これを土台としてさらに飛躍するため，新たな開発の努力が今なおつづけられているのである。

第4章
ロータリーエンジンの主要技術

ロータリーエンジンは，吸入，圧縮，膨張，排気といった内燃機関の基本サイクルを行なう点ではレシプロエンジンと同じであるが，構造，作動状態が全く異なっている。そのため，ロータリーエンジン特有の現象が発生するので，それを克服するための技術が数多く開発され採用されている。ここではこれらの技術の中の主なものについて取りあげ説明する。

1. オイルシールの技術

　ローターの側面には，レシプロエンジンのオイルリングに相当する，リング状のオイルシールがそれぞれ2個ずつ取付けられている。これは，ローターを冷却したオイルや，エンジン内部を潤滑したオイルが，燃焼室内部へ洩れて混合ガスとともに燃えて消費されてしまうことを防止するためである。

　オイルシールは，前章で述べたようにサイドハウジングとの気密はスプリングで押し付けたシールリップで行ない，溝側面との気密はゴム製"O"リングで行なっている。

　サイドハウジングしゅう動面の油膜をなるべく広範囲に収集してオイル消費量を低減するために，ローターが外方向に動く部分では油膜に乗り，内方向に動く部分では油膜をかき取る工夫がなされている。レシプロエンジンのオイルリングもこの乗りと，かきの機能が要求されるが，一つのリングでは同時期には全周について全て乗りまたはかきをすればよいが，ロータリーエンジンのオイルシールは，同一リングのある部分は乗り，ある部分はかきを行なう必要がある。図1にオイルシールの運動の状況を示す。このように微妙な作動を行なうため，図2に示すようなリップ部につけてある角度や，オイルシールスプリングの荷重は適切な値に設定されている。

　オイルシールリップ部の接触面圧はリップの摩耗により，リップ当り幅が大きくなると減少しかきの機能が低下することになる。一方，リップの当り幅が小さすぎると面圧が大きくなり，かきの機能は良好となるが乗りの機能が低下してしまう。したがって，リップの当り幅を適正に管理する必要があると同時に，摩耗対策を行なうことが重要である。

　そのために，オイルシールの内周面に硬質クロームメッキを施すことにより，リップ部を硬質クロームで構成することで，摩耗してもリップ幅の変化を少なくするような工夫がなされている。オイルシールの素材全体を硬度の高いクローム

鋼より製作し，摩耗対策とする場合もある。（図2に，硬質クロームメッキのオイルシールの構造を示す。）

　サイドシールや，コーナーシールからわずかに洩れる作動ガス（ブローバイガス）のガス圧が，オイルシールに作用し，このリップの面圧を変化させオイルシール性を悪化させることがある。これを防ぐため，ローターのオイルシール溝外周にもう1つ同様な溝を設けることがある。この溝は，ブローバイガスを一時蓄積することにより，オイルシールに与える影響を少なくしようとするもので，この溝に蓄積されたガスは，溝がインレットポートを通過するとき，ポートの負圧により吸い出され，吸気とともに燃焼室に吸入される。

　オイルシールのリップ摩耗は，リップがしゅう動するサイドハウジング面の特性によっても大きく影響される。したがって，リップ摩耗対策のために，後述するようにサイドハウジングの表面に金属溶射や窒化処理を施し，しゅう動特性を改善することがある。

　オイルシール溝側面の気密を行なっているOリングは，高温の燃焼室の近くで使用していること，高温の作動ガス（ブローバイガス）にも触れることなど，通常のゴム材料が使われる温度を超えるきびしい条件で使用されている。そのため，

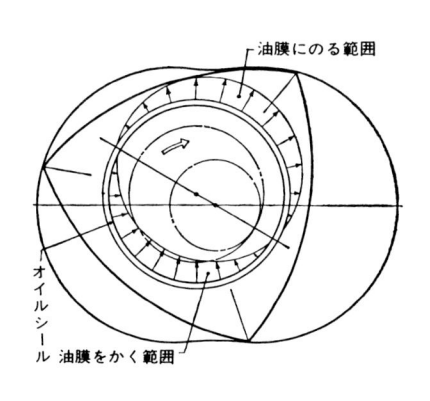

〔図1〕　オイルシールの運動

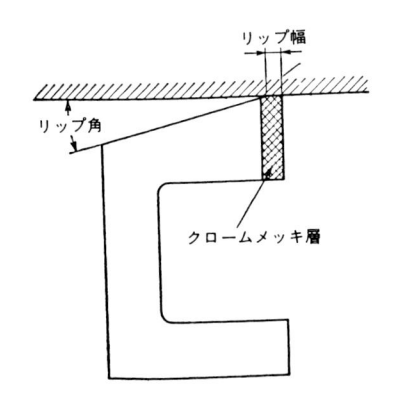

〔図2〕　オイルシールの断面構造

ゴム材料には耐熱性に優れた，特殊なシリコンゴムやフッ素ゴムが開発され採用されている。また，寒冷地などの始動時には極低温となることもあるので，高温特性のみならず低温特性も満足させている。

　また，Oリングの締代によりオイルシールの動きが拘束され，リップ部の接触面圧が増減し気密機能が損われることがある。そのため，締代を管理する必要があり，Oリングの寸法は通常以上のきびしい公差に設定されている。とくにフッ素ゴムは硬度が高いため，締代による拘束力が強くなるのでよりきびしい管理が行なわれている。

2.ハウジングの表面処理技術

　各ハウジングの燃焼室側は，レシプロエンジンのシリンダーライナーやヘッドと同様に高温の燃焼ガスにさらされ，さらにガスシールやオイルシールが高速度でしゅう動する部分に，高温となるスパークプラグホールや，排気ポートが設置されているので，潤滑条件が非常にきびしい。そのため，ハウジングの表面処理法は，シール類の材料などとともにロータリーエンジンの耐久性開発の重要な項目である。

(1)　ローターハウジングの表面処理技術

　ローターハウジング内周面はアペックスシールのしゅう動面となっている。アペックスシールとの接触圧は，アペックスシール底部に作用するスプリング力と作動ガス圧によるものと，アペックスシールの慣性力によるものであるが，これらの合成力は高速高負荷では100kg以上にもなる。しかも，アペックスシールとの接触は幾何学的には線接触という非常にわずかの面積なので，面圧としては非常に大きいものとなる。その上，ローターハウジングには，エンジンの中で最も高温部分となるスパークプラグホールと，排気ポートが設置されているので，安

定的な潤滑油膜を維持しておくことが大変難しい。さらに潤滑油量については，レシプロエンジンのシリンダーライナーはオイルリングでシールできる範囲にあるので，比較的豊富に潤滑油を供給してもオイルリングにより回収できる。しかし，ローターハウジングのトロコイド面はオイルシールの回収範囲外なので，トロコイド面へ供給される潤滑油は作動ガスとともに燃焼し消費されてしまう。このため潤滑油供給量のコントロールが重要である。

　したがって，ローターハウジングのトロコイド面は，レシプロエンジンのシリンダーライナーと比較できないくらいきびしい条件になっていると考えてよい。そのため，ローターハウジングの表面処理はアペックスシールとともに，ロータリーエンジンの開発当初より，最も重点的に開発が続けられた項目の一つである。

　この開発の結果，ローターハウジングの表面処理法としては，硬質クロームメッキ，シリコンカーバイドの微粒を含むニッケルメッキ（ニカジル，エルニジール），結合カーバイド（炭化物）や，モリブデン合金の溶射などが有効であることが判明した。なかでも，耐久性の安定していることや製造が比較的容易であることなどから，一般に硬質クロームメッキが採用されている。硬質クロームメッキを施す場合，アルミニウム合金はクロームメッキの密着力を確保することが困難なことと，メッキだけで強度を確保するためにはかなり厚いメッキにする必要があることから，トロコイド面にトロコイド形状に成型した鉄板を鋳込み，この鉄板上に硬質クロームメッキを施す方法が採用されている。このトロコイド形状に成型した鉄板はアルミニウム合金との接合力を上げるため，外周面に目の細かい鋸状の切り込みが設けられている。

　鉄板上に施す硬質クロームメッキは，この種のクロームメッキとしては上限に近い Hv1000 程度の硬度に管理されており，メッキの厚さも，100μ 程度にされている。

　クロームメッキ自体は硬度は高く強度的に優れているが，しゅう動特性（耐焼付性など）はそれほど良好とはいえない。また，トロコイド面には豊富に潤滑油を供給できないという制約条件もあるので，メッキ表面は限られた供給潤滑油をできるだけ保持して潤滑特性を確保する必要がある。

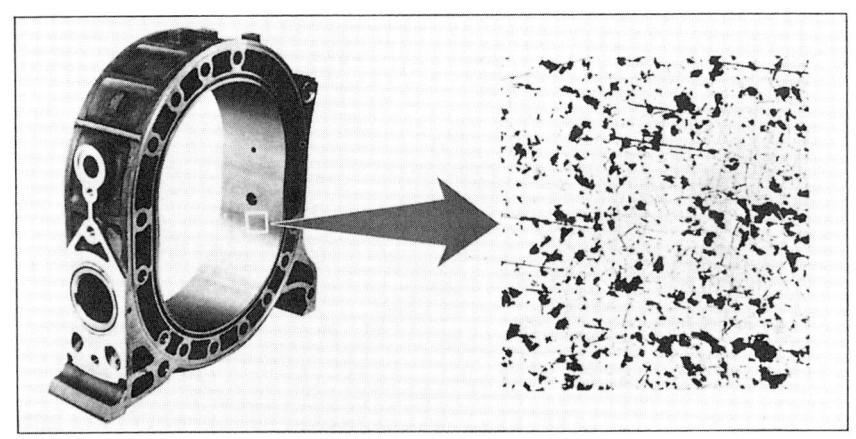

〔図3〕 ポーラスクロームメッキの状態

そのため，メッキ表面に機械的方法や電気的方法により微小な穴や溝が設けられている。図3に電気的に穴を設けたポーラスクロームメッキの表面状態を示す。

ポーラスクロームメッキは，通常のメッキ処理をした後メッキの電極に逆電圧をかけ，メッキ表面にできた凹凸をさらに拡大し，その後の研磨加工により凸部を平滑にすることで，凹部を微細な穴として残したものである。

このときの逆電流量は，その大きさによりポーラスの大きさが変わるとともに，メッキ自体の強度も変化するので適正な値に管理されている。

このポーラスクロームメッキよりさらに潤滑油の保持性を増すため，研磨加工後のポーラスクロームメッキに，さらに逆電処理をしたマイクロチャンネルポーラスクロームメッキ法が開発され，採用されている。図4にその顕微鏡写真を示す。これは2回目の逆電により，ポーラス状の表面に細かい溝を追加することにより，潤滑油の保持部分を増加させたものである。

(2) サイドハウジングの表面処理技術

サイドハウジングの表面は，コーナーシール，サイドシール，オイルシール，

ローターのランド部のしゅう動部となっている。これらのシール類は面接触となっていること，潤滑油も比較的豊富に供給できることから，ローターハウジングのトロコイド面ほどはしゅう動条件がきびしくない。したがって，比較的軽負荷のエンジンではしゅう動面の仕上げ加工を充分行なえば，鋳鉄の場合表面処理をしなくても充分である。ただし，アルミニウムの場合は強度が不足するので，しゅう動面に炭素鋼の溶射層を作るなどの工夫が必要である。図5に溶射部の断面写真を示す。

〔図4〕
マイクロチャンネルポーラス
クロームメッキの状態

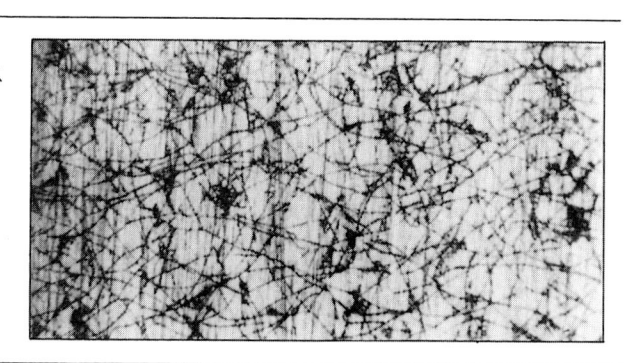

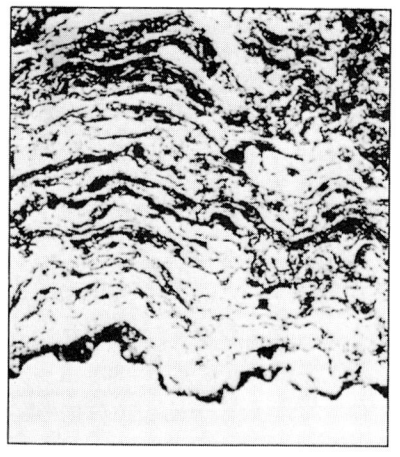

〔図5〕　表面に炭素鋼を溶射したアルミニウムハウジング

　しかし，エンジン性能を改善すると熱負荷が増加し，しゅう動条件がきびしくなってとくにオイルシールのリップ摩耗が問題となるため，鋳鉄では，高周波焼入れや窒化処理を行なって表面の硬度を上げる場合がある。

　図6は高周波焼入れしたサイドハウジングのしゅう動面の断面写真である。

　図7は窒化処理を施したサイドハウジングのしゅう動面である。

　窒化処理をすると表面は化学反応の結果，粗さが大きくなるので，そのままではガスシールやオイルシールの摩耗を促進させてしまう。したがって，窒化処理後，表面粗さを適正な値にするためラッピングなどの仕上げ加工が行なわれている。

〔図6〕
高周波焼入れを施したサイドハウジング

窒化層

母材

〔図7〕　窒化処理をしたサイドハウジング

3.位相歯車回りの技術

　ロータリーエンジンは，ローターが遊星運動を行なうことによって，吸入〜排気までの各サイクルを行なっているが，このローターの運動を正しく規制しているのが，ローターに取付けられる内歯歯車（ローターギア）と，サイドハウジングに固定される外歯歯車（固定ギア）である。

　これは，第2章で述べたペリトロコイドの基円と転円に相当する。

　これらの歯車にはかなりの大きさの荷重がかかっているが，この荷重により歯車が破損するようなことがあると，ローターが遊星運動できずエンジンとして機能しなくなる。

　したがって，これらの歯車の寿命を確保するため荷重を低減する技術や，歯車自体の強度，剛性を持たせる技術が採用されている。

(1)　歯車荷重

　ローターが受ける作動ガス圧や慣性力は，理論的には全てエキセントリックシャフトに伝達されるため，歯車には作用されないはずであるが，実際には下記の原因により荷重が発生すると考えられている。

　①ローター回転速度の変動

　②回転系の慣性力アンバランス

　③軸受とジャーナルの間隙

　④出力軸のたわみ

　⑤歯形の製作誤差，および取付け誤差

　図8に固定ギアにかかる歯車荷重の測定例を示す。歯車荷重は一般には回転数や負荷が高くなるにつれて増大する傾向にあるが，エンジンの回転数に対して極大値を示す共振点を持つ。

　図9に点火プラグが1個と2個の場合の歯車荷重を比較した例を示す。点火プ

〔図8〕
歯車荷重

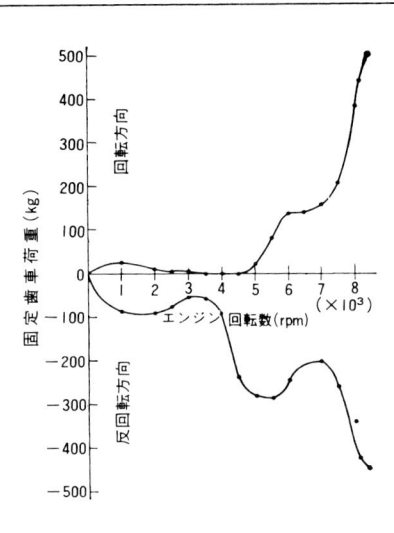

〔図9〕
点火プラグ数による歯車荷重の比較

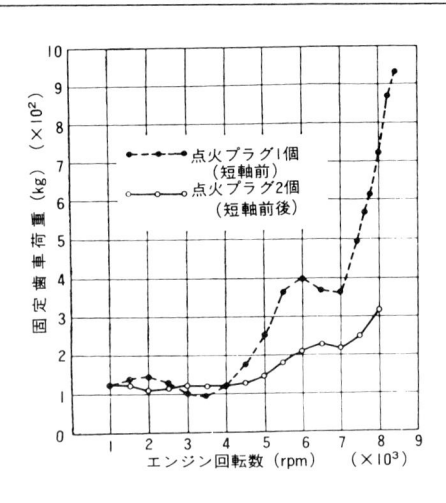

ラグの数が変わると，燃焼速度や火炎伝ぱ形態など燃焼の様子が変化してくるが，この変化も歯車荷重に影響を与えている。さらに，ノッキングやプリイグニッションなどの異常燃焼時には歯車荷重が著しく増加することが分っている。

　図 10 は手動変速機と，自動変速機を装着した場合の歯車荷重の例である。

　手動変速機に比べ自動変速機を装着した場合には，歯車荷重が大幅に低減するが，装着されるパワープラント系の減衰能力や慣性力によっても大きく影響されることが分っている。

(2)　歯車荷重の低減技術

　歯車荷重を低減させるためには，上記のような荷重発生要因を低減させればよいのであるが，それぞれ制約条件があり，ある限度以下には低減することができない。そのため，位相歯車に柔軟性を持たせて歯車荷重の衝撃力を吸収したり，歯車自体のばね定数を変えて，共振点を使用回転数域外へずらすなどの技術が採用されている。

　その一つの方法として，位相歯車回りのばね定数を変えるとともに柔軟性を持たせるため，ローター歯車のローターへの取付けにボルトの代りにスプリングピンが使用されている。スプリングピン止めにすると，歯車荷重が低減できるとともに，共振点位置が常用回転数をはずれるので，歯車寿命を著しく増加させることが可能となる。

〔図10〕
変速機の種類による歯車荷重の比較

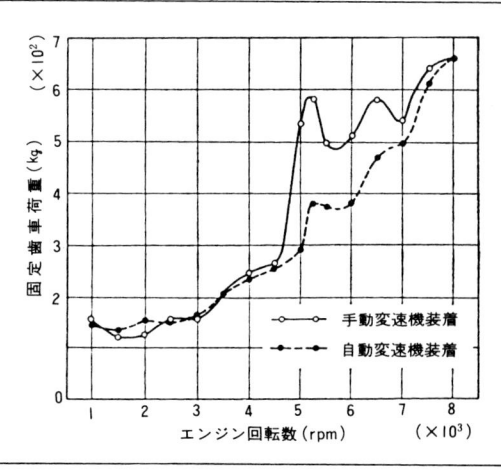

　図11にスプリングピン止めにしたローター歯車の構造を示す。

　なお，スプリング止めにする場合，歯車とローターとの接合力の確保や，スプリングピン自体の強度を確保するために，ピンの表面粗さや締代を管理したり，スプリングピンの本数や取付け位置の選定に注意が払われている。また，大小のスプリングピンを組み合わせて，ダブルピンで使用する場合が多い。

　また，サイドハウジングに取り付けられた固定ギアの剛性も，荷重に与える影響が大きく，剛性はある程度低下させた方が歯車荷重が低減できることが分っている。

　図12は固定ギアの形状と歯車荷重との関係を示したものである。歯車の歯形形状は，中央部がわずかにふくらんだ断面となるようになっている。これは，歯車

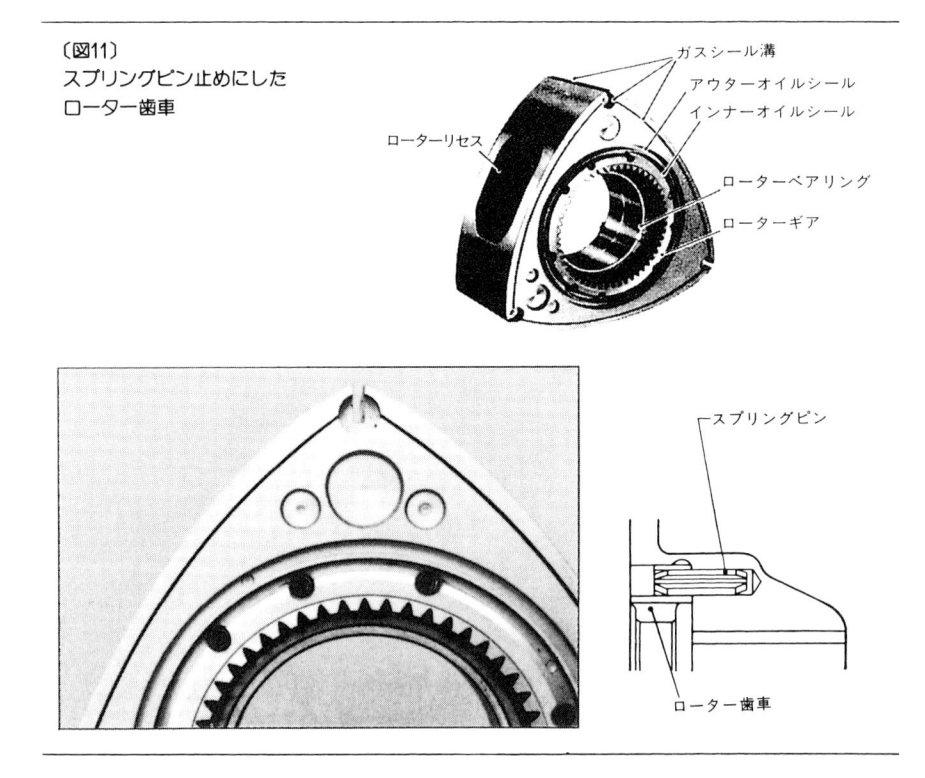

〔図11〕
スプリングピン止めにした
ローター歯車

ガスシール溝
アウターオイルシール
インナーオイルシール
ローターリセス
ローターベアリング
ローターギア
スプリングピン
ローター歯車

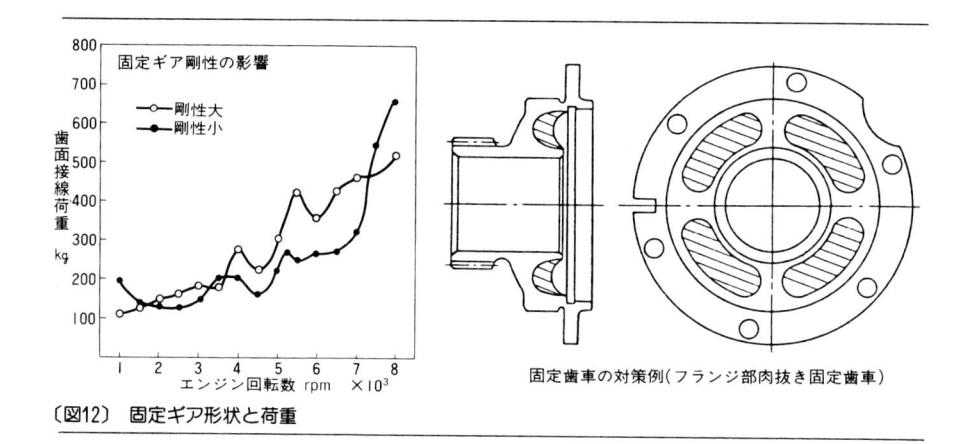

〔図12〕　固定ギア形状と荷重

のかみ合う部分のバラツキを抑えて，歯車の耐久上最も有利な中央部に，荷重の中心がくるように配慮したものである。

　その他，レースエンジン用には，歯車の疲労強度を増すために，特殊合金鋼，あるいは表面硬化処理を施したものが使用されている。

4.ガスシール技術

　ロータリーエンジンのガスシールは，レシプロエンジンのピストンリングに相当するものであるが，ピストンリングのように一体型ではなく，アペックスシール，コーナーシール，サイドシールなど複数のシールを組み合わせて一つの燃焼室の気密を保っている。

　ガスシールの気密性は，エンジンの出力，燃費といった性能に直接影響を与えるものであるが，各シール及びシール面となるハウジングの熱変形，ひずみ，製作誤差などによるシール間隙を最小にするため，さまざまの技術が開発されている。

　また，ガスシールは性能だけでなく，シールのしゅう動するハウジング面との耐久性にも大きく影響を与えるので，性能，耐久性の両者をバランスよく満足できる形状，材質になっている。

(1)　アペックスシール技術

ⅰ）アペックスシールの材料

　アペックスシールは，ローターハウジングの内周面（トロコイド面）を高速度でしゅう動し，高圧の燃焼ガス，慣性力，スプリング力により，トロコイド面に強く押し付けられている。その上，ローターハウジングの表面処理技術の項で述べたように，潤滑条件が難しい部分である。

　これらのことからアペックスシールの材料，処理方法は，トロコイド面とともに，ロータリーエンジンの耐久性に重大な影響を与えるので，様々な技術が研究，開発された。

　当初，硬質クロームメッキを施したトロコイド面に対して，自己潤滑性に優れた特殊カーボン材が採用された。これは，成型した粉末カーボンに，耐衝撃特性を向上させるために金属を含浸させたものである。図13にカーボンアペックスシールの顕微鏡写真を示す。組織中に白く分布するのは含浸金属であり，黒い部分はカーボン母材である。

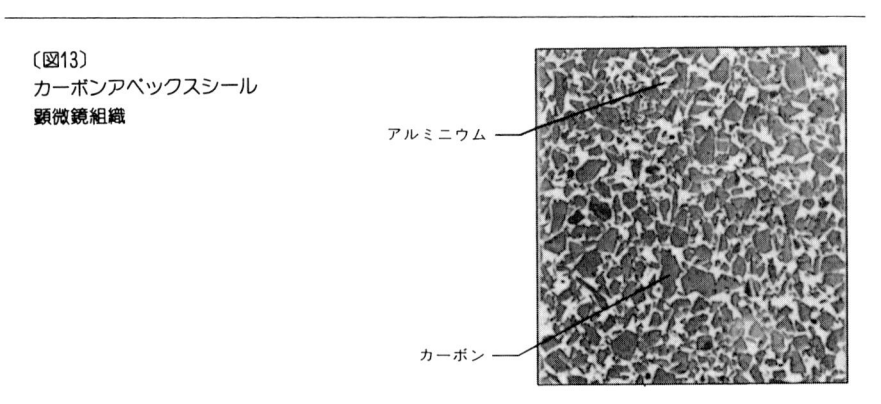

〔図13〕
カーボンアペックスシール
顕微鏡組織

アルミニウム

カーボン

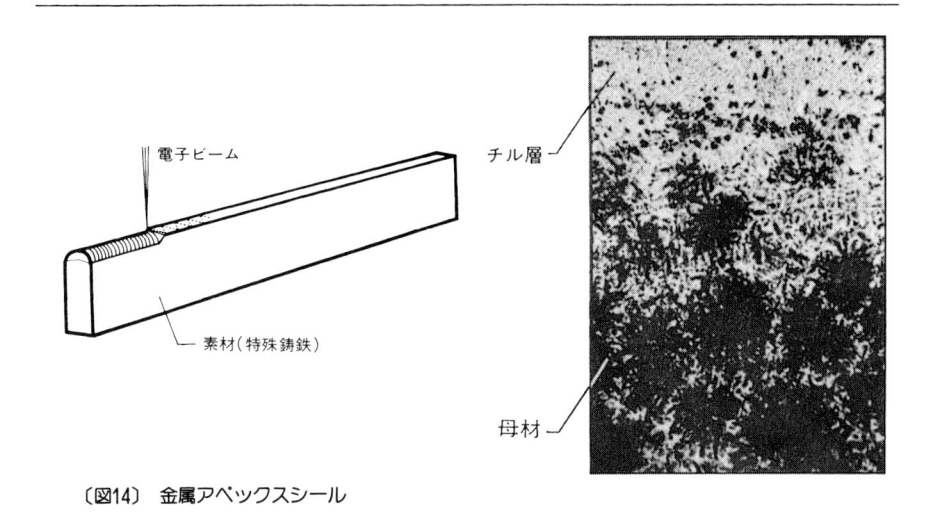

〔図14〕　金属アペックスシール

　その後，排出ガス規制や省エネルギーの要求が強まってくるに従い，ガスシールの気密性をより向上させる必要が生じてきた。アペックスシールの気密性には，小型化あるいは分割型にすることが有利であるが，それに適した金属アペックスシールの研究，開発も同時に行なわれた。金属アペックスシールはカーボン製に比べ潤滑性がきびしくなるが，トロコイド面の強度改善，クロームメッキの処理法の改善などもあって，耐久性も充分確保することが可能となり，現在では金属アペックスシールが採用されている。

　この金属アペックスシールは，特殊鋳鉄を母材とし，ローターハウジングの内面をしゅう動する部分は，電子ビームによりチル化した組織になっている。図14に金属アペックスシールを示す。上部のチル化した部分は組織が微細化され，母材より硬度が著しく高くなっており，耐摩耗性に優れている。

ⅱ）アペックスシールの形状（分割形状）

　図15にアペックスシールの代表的な形状を示す。アペックスシールは，耐久性，生産性および組付性を考慮すると，あまり複雑な形状や構造は実用的でない。

　ⓐは最も簡素な一体形で，カーボンシールに採用されているものである。ただ

〔図15〕
アペックスシールの形状

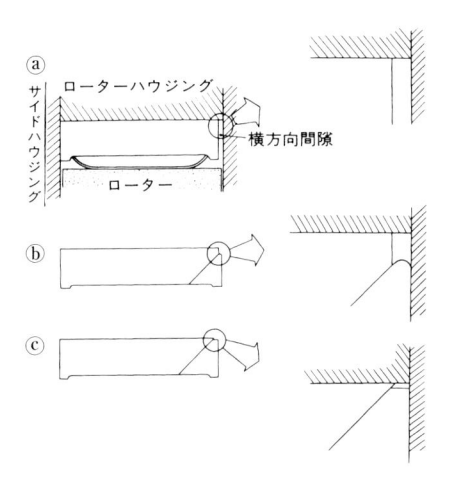

し，この一体形はシールやハウジングの熱変形や製作誤差を考えた場合，サイドハウジングとの間にある程度の幾何学的間隙が必要となる。また使用を経るにつれて，サイドハウジングとの接触により摩耗し，この間隙がさらに拡大することになる。したがって，ガスシール性をさらに向上させるために，次のように分割することで，この間隙を縮小させる工夫がなされている。

　ⓑ，ⓒともサイドハウジングとアペックスシールの間隙を縮小するため，アペックスシールの長さ方向に対して斜めに切断し，サイドハウジングとの接触により摩耗しても自動的に間隙をうめるようにしたものである。ただしⓑの場合は，運転初期には分割部にわずかに間隙が残っている。

　ⓒは，ⓑでわずかに残った間隙も縮小するために開発されたものである。

iii）アペックスシールしゅう動部の技術

　現在使用している金属アペックスシールは前述のように，鋳鉄母材部とチル部の二層構造となっている。このチル部は鋳鉄母材と比較すると，熱膨脹係数が小さい。したがって高温となる運転中は，バイメタル的熱変形が生じ，中央部がへこんだような形状となる。

　さらに，ローターハウジングの内壁も，アルミニウム合金上に鉄板を鋳込んだ
二層構造となっており，しかもしゅう動面側が熱膨脹係数の小さい鉄板となって
おり，ローターハウジングもアペックスシールと同様に，中央のへこんだバイメ
タル的熱変形が発生する。

　したがって，運転中はアペックスシールとローターハウジングの間に，中央部
がとくに広い間隙が生じる。図16にその様子を示す。

　図17は運転中に生じるアペックスシールとローターハウジングの中央部の間隙
の計測例を示したものである。この間隙を縮小するために，アペックスシールの

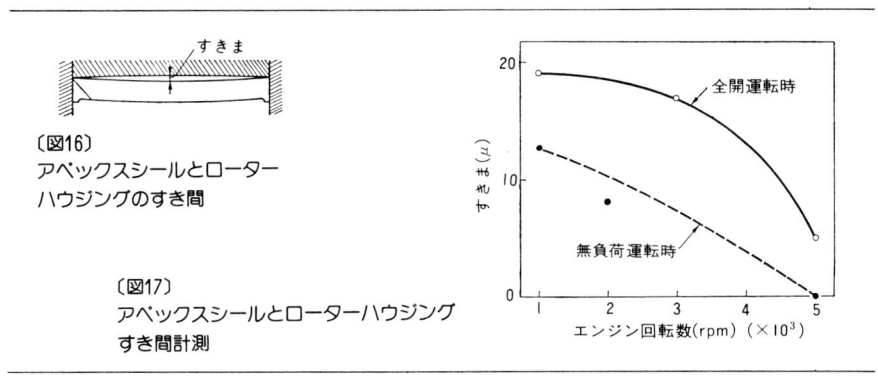

〔図16〕
アペックスシールとローター
ハウジングのすき間

〔図17〕
アペックスシールとローターハウジング
すき間計測

〔図18〕
クラウニングの効果

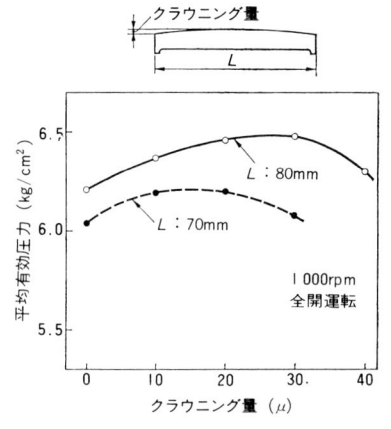

しゅう動部は，中央がふくらんだ形状（クラウニング）に加工されている。

　図18に，このクラウニング量が全開1000rpm時の平均有効圧に及ぼす効果を示す。これにより，クラウニング量を最適値に選べば気密性能が向上し，エンジン性能が向上することが分る。ローターハウジング，アペックスシールとも製作誤差があるため，アペックスシール頂部に軟金属メッキを施したり，特殊処理により，表面の粗さを通常より大きくすることによって，運転初期のアペックスシール頂部の摩耗を促進させ，早期に最適のクラウニング量を得られるように工夫されている。図19にこの処理を施したときの性能向上割合を，無処理との比較で示す。

　アペックスシールの頂部断面の曲率は，トロコイドの平行移動量と同一にするのが一般的である。これは，アペックスシールがトロコイド面上をしゅう動するとき，ローターのアペックスシール溝を出入りすることなくトロコイド面と接触することができ，気密性に有利なためである。

　ところで，作動ガス圧が最大となる上死点付近では，アペックスシールはトロコイド面と曲率の頂点から最も離れた部分で接触する。したがって，アペックスシール頂部の作動ガス圧の受圧面積が最小となり，底部よりかかるガス圧を相殺する量が最小となるので，トロコイド面との接触圧が非常に大きくなり，エンジンのなじみがよく出ていない運転初期には性能上好ましくない（図20に上死点付近でのアペックスシールにかかる作動ガス圧の状態を示す）。このためアペックス

〔図19〕
アペックスシール頂部初期なじみ対策の効果

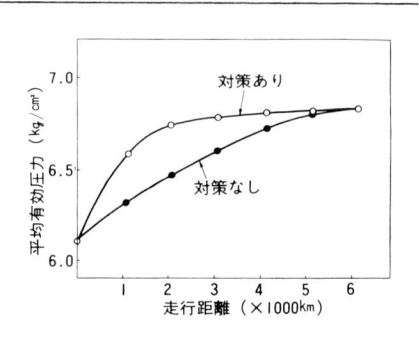

〔図20〕
アペックスシールに作用するガス圧力

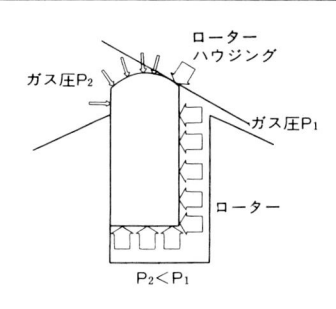

シール頂部の曲率をトロコイド平行量より小さくすることにより，上死点付近の
アペックスシール頂部のガス受圧面積を拡大し，トロコイド面との接触圧力を低
減する場合がある。

(2) サイドシール技術

　サイドシールはサイドハウジング面をしゅう動するが，トロコイド面をしゅう
動するアペックスシールとは異なり，しゅう動部の温度は低く潤滑油も比較的豊
富にある。さらに，サイドハウジングとの接触力はシール底部に作用するガス圧
とスプリング力により発生するが，慣性力は直接には接触力とはならない。その
上サイドハウジングとは面接触するので，接触面圧はアペックスシールに比べか
なり小さくなり，しゅう動条件は有利である。

　しかし，高負荷，高回転といったきびしい運転条件では潤滑性も悪化するので，
サイドハウジングの表面処理を改善するとともに，保油性の優れた焼結材，また
は自己潤滑性の良い特殊鋳鉄を採用して，しゅう動特性を確保している。

　サイドシールがガスシールの機能を果すためには，サイドハウジングとのしゅ
う動面と常に接触を保つとともに，サイドシール溝内に侵入したガスがサイドシ
ール底部を通ってサイドシール内側へ洩れるのを防ぐため，ローターのシール溝
内周面と全周接触している必要がある。図21に，サイドシールのシール状態を示
す。

　ところが，ローターが遊星運動を行なううちに，サイドハウジングとの接触に

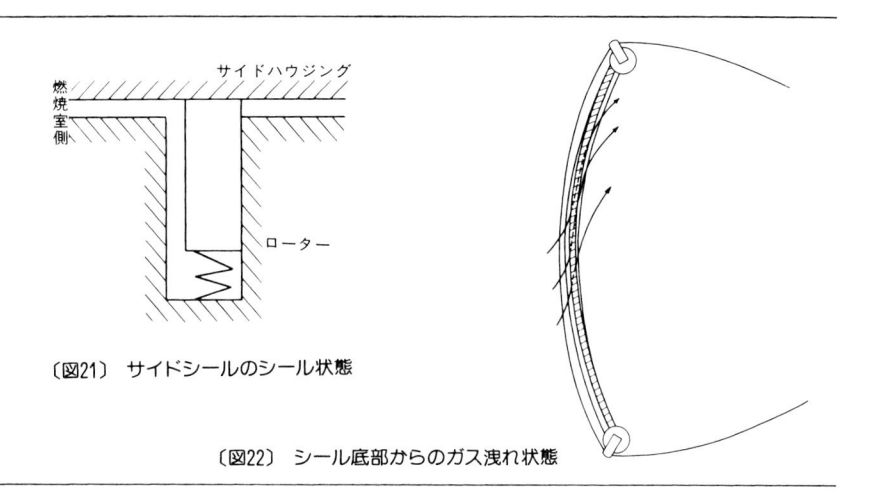

〔図21〕 サイドシールのシール状態

〔図22〕 シール底部からのガス洩れ状態

より受ける摩擦力の方向が進み側と遅れ側で異なる場合がある。この時，サイドシール内面がローターのシール溝から部分的に離れるような力が働く。この場合，サイドハウジングとの接触が保たれていても，シール溝内に侵入した作動ガスがシール溝底を経て，シール溝内周面との非接触部から洩れてしまいエンジン性能が低下することになる。図22に作動ガスがシール底部から洩れる様子を示す。

　このような現象を防ぐため，サイドシールの形状を内周面側に傾くように成形し，ローターのサイドシール溝内壁との接触を常に保つように工夫されている。コーナーシールとの接合部は，製作誤差，熱膨脹量などから，幾何学的に間隙が必要となるため，0.05〜0.15mm程度の間隙となるように管理されている。

(3)　コーナーシール技術

　コーナーシールは，ローターのアペックスシール溝底部に侵入した作動ガスがローター側面へ洩れ出すのを防ぐため，アペックスシール溝の両端部に取付けられて，サイドハウジング上をしゅう動している。

　そのため，サイドシールとほぼ同様のしゅう動条件となっており，アペックスシールより潤滑条件は有利であるが，高速，高負荷のきびしい条件での耐久性を

維持するため，潤滑性の優れた特殊鋳鉄材が使用されている。

　ローターが回転するときも，ローターの傾き，サイドハウジングの平面のひずみに追従して気密を保持する必要から，サイドシール，コーナーシールは，各シール溝と常に相対運動を行なっているが，コーナーシールはローターの頂部にあるためとくにその運動量が大きい。したがって，コーナーシール溝とコーナーシール外周との摩擦により摩耗が促進され，溝とシール間の間隙が増加することになる。この間隙はそのまま作動ガスの洩れる面積となるので，エンジン性能へ与える影響が大きい。このため，コーナーシール外周には硬質クロームメッキが施されている。

　コーナーシールの気密性からは，シール溝とシール外径との間隙をできるだけ小さくする必要があるが，あまり小さくすると，溝内面や，シール外径の製作誤差，表面の粗さなどにより，相互が部分的に強く接触しコーナーシールの動きを妨げることになる。そこで，コーナーシールの半径方向の剛性を下げ弾力性を上げることにより，間隙を小さくしてもコーナーシールが溝内を自由に動けるようになっている。

　さらに，剛性を下げることは，シール内側に入った作動ガスがシール内面からシールを押し拡げるように作用するが，その拡がり量が増えるため，シール溝との間隙がさらに縮小し性能が向上することになる。図23に，作動ガスにより押し拡げられるコーナーシールの状態を示す。

　コーナーシールのアペックスシール溝と，ローターのアペックスシール溝とは製作誤差があり必ずしも一致しない。そのため両者を同一溝寸法にし，アペック

〔図23〕
ガス圧により押し拡げられるコーナーシール

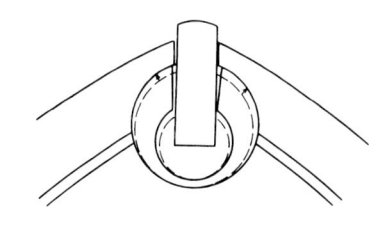

スシールとの間隙を一定以下に縮小すると，アペックスシールがローター溝とコーナーシール溝の両者に拘束され，動きが妨げられてシール性能が低下してしまう。そのためコーナーシールに設けるアペックスシール溝幅は，ローターに設ける溝より大き目に製作する必要がある。ところがこうすることにより，コーナーシールのアペックスシール溝とアペックスシールとの間隙がシールの両側にでき，常時この間隙から作動ガスが抜けやすい傾向にある。図24はアペックスシールの拘束された状態を示し，図25にガス抜け通路を示す。

　これを防ぐため，図26のようなゴム製のシールをコーナーシールに追加することがある。これは，多少の溝幅やシール幅の製作誤差があっても，アペックスシールを拘束することなく常に接触し気密を保つためである。したがって弾力性に富むゴム材料を使用する必要があるが，高温の作動ガスにさらされるため，ゴム材料の中でも最も耐熱性の優れたフッ素ゴムが使用されている。

(4)　シーリングラバー機構

　レシプロエンジンでは，シリンダーヘッドとシリンダーブロックの間の作動ガ

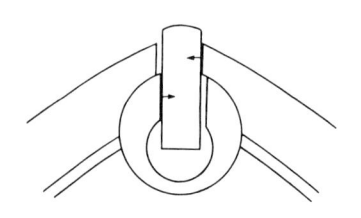

〔図24〕
拘束されるアペックスシール

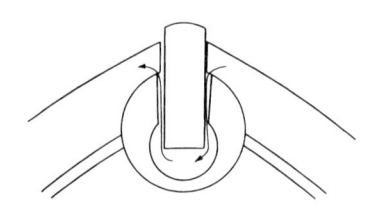

〔図25〕
アペックスシール溝からのガス抜け状態

〔図26〕
コーナーシールへ追加するゴム製シール

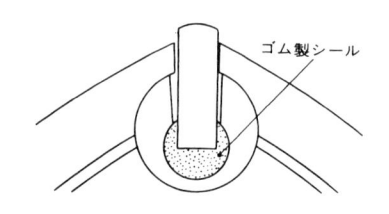

ゴム製シール

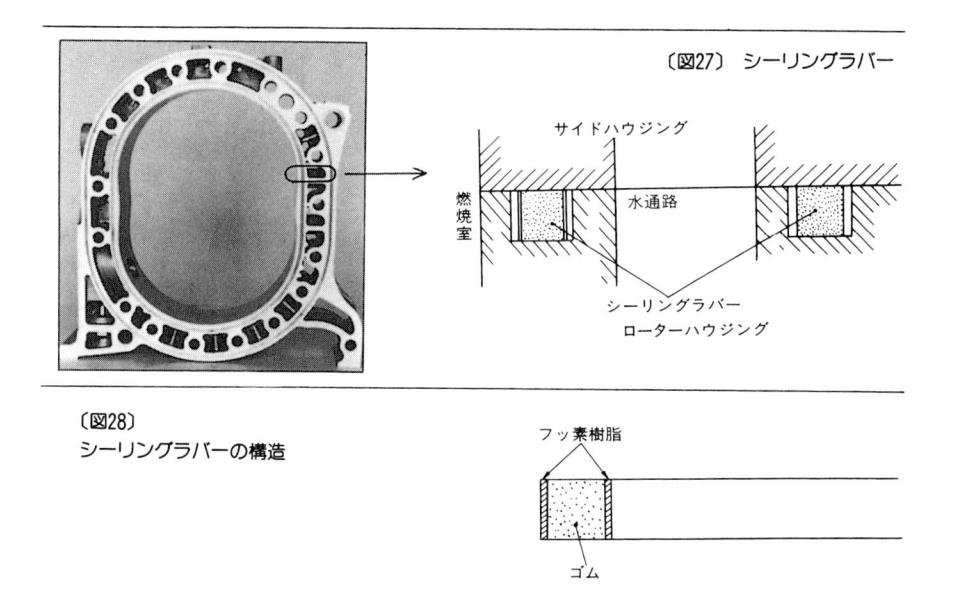

〔図27〕　シーリングラバー

サイドハウジング

燃焼室

水通路

シーリングラバー
ローターハウジング

〔図28〕
シーリングラバーの構造

フッ素樹脂

ゴム

ス，冷却水，潤滑オイルのシールに，ガスケットが使用されている。

　ロータリーエンジンは，ローターハウジングの水通路の両側に溝を設け，ロー
ターハウジングとサイドハウジング間で，作動ガスと冷却水が洩れるのをゴム製
のシーリングラバーを装着してシールしている。図27にその構造を示す。このよ
うにレシプロエンジンと異なったシール構造にしているのは，ロータリーエンジ
ンの吸入圧縮を行なう部分は常に低温であるが，爆発膨脹を行なっている部分は
常に高温であり，しかも高圧ガスが作用するなど，部分によって熱による膨脹量
や，ガス圧による変形量が違っている。そのためサイドハウジングと一定の面圧
を確保することが難しく，レシプロエンジンと同様のガスケットでのシールが難
しいため，より弾力性に富むゴム製のシールリングによって少ない面圧でのシー
ルを確保しているのである。

　このシーリングラバーは燃焼室の近くにあって，高温にさらされるので，耐熱
性に優れた材料を選定する必要がある。そこで，ゴムシールメーカーと共同開発
した耐熱力を著しく向上させたシリコンゴムやエチレン系天然ゴム（EPT）が採

用されている。

　また，燃焼室側に使用するシーリングラバーでは，より耐熱性を向上させるためゴムの本体の両側にフッ素樹脂のプロテクターを装着したものがある。図 28 にその構造を示す。

5.計測技術

　ロータリーエンジンは，レシプロエンジンと異なり，往復運動部分を持たないこと，作動室が偏平で表面積／容積比が高いこと，作動室がローターの回転につれて移動すること，各行程の作動期間が 1.5 倍と長いことなど，いくつかの機構上の特徴を持っており，これらの特徴がロータリーエンジンに独特の燃焼，性能特性をもたらしている。

　ロータリーエンジンの性能を改善して行くためには，これらの独特の燃焼を解明して行く必要があるが，そのために各種の計測技術が開発されている。

(1)　ローターからの信号取出し方法

　ローター各部やガスシールの温度，あるいは挙動などを調査することは，燃焼を解明して性能や耐久性を向上させて行く上で非常に重要である。

　たとえば，ローターの温度変化を調べることにより，必要最小限の冷却を行なって冷却損失を最小にすることができる。あるいは，ガスシールの測温をすることによって，必要潤滑油量を決定することが可能になる。

　通常，これらの特性を計測するには，電気信号に変換しリード線にて取り出す方法を採用するが，遊星運動をしているローターからリード線を切断することなく，静止点まで引き出すことは不可能である。そこで，サイドハウジングに取付けられた固定ギアがローターギアと転がり接触していることに着目し，この部分でリード線を接触させる方法が開発された。図 29 にその構造を示す。ローターギ

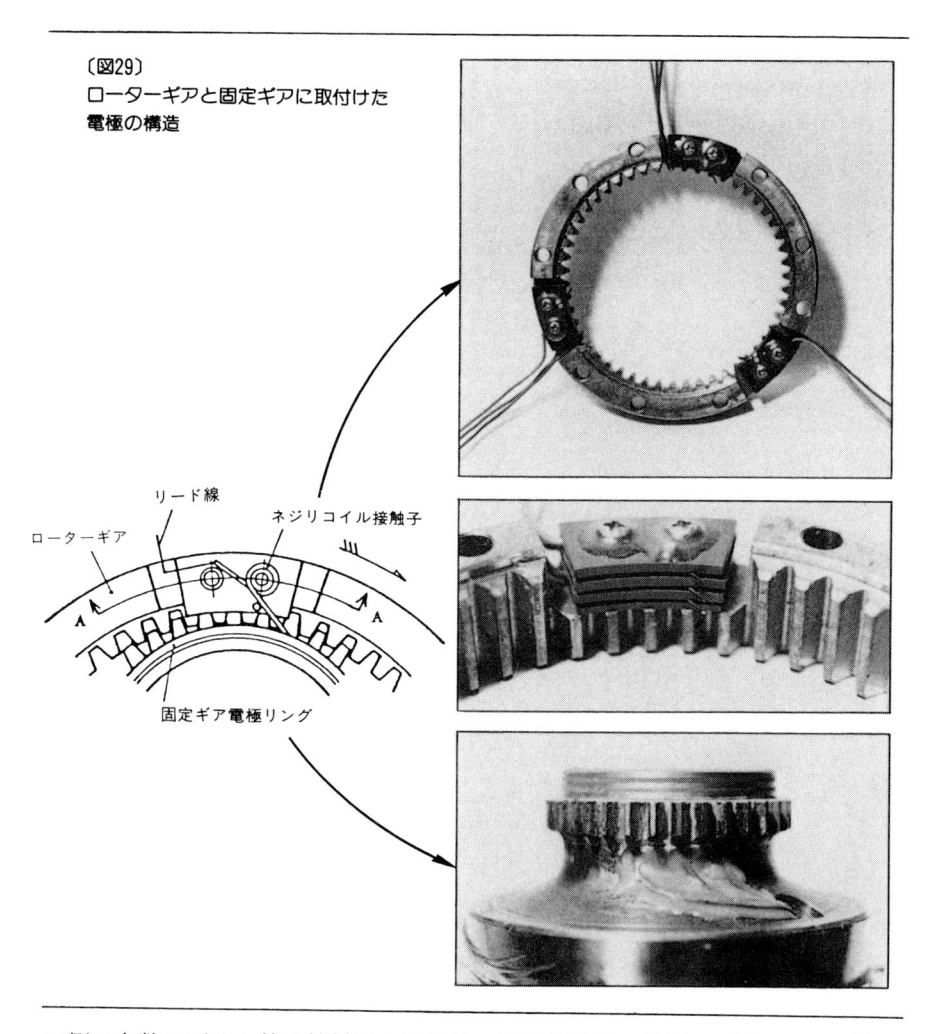

〔図29〕
ローターギアと固定ギアに取付けた
電極の構造

リード線

ネジリコイル接触子

ローターギア

固定ギア電極リング

ア側に多数のブラシ状の接触子を取付け，固定ギア側の電極にブラシのスプリン
グ力で押し付けるようにしている。この方法は，接触圧を比較的高くすることが
できるので接触部の電気抵抗が小さくなり，微弱信号を導入する場合でも，接触
部からの雑音を抑えることができ計測精度が高くなる。

　しかし，連続信号を必要とする場合には，ブラシを切れ目なく取付けねばなら

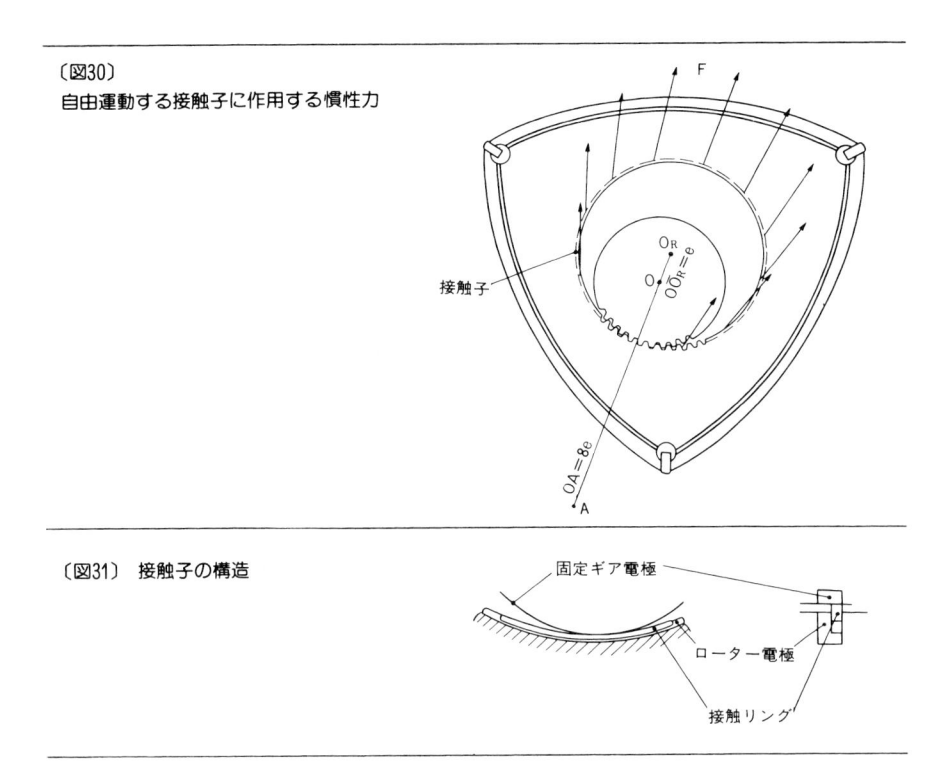

〔図30〕
自由運動する接触子に作用する慣性力

接触子

$O_R = e$

$OO_R = e$

$OA = 8e$

A

〔図31〕 接触子の構造

固定ギア電極

ローター電極

接触リング

ないのでやや複雑な構造となる。

　またブラシの代りに，リング状の自由運動をする接触子を取付けたものもある（図 30）。このリングは，ローターの遊星運動により生じる慣性力によって，固定ギアに取付けた電極と常に接触するようにしたものである。図 31 にその接触状況を示す。この方法は，理論的には常時接触することが可能であるが，慣性力による接触圧しか期待できなく，低速運転時の微弱信号の計測には雑音が多くなり，精度の確保が難しい傾向がある。

　図 32 はこれらの方法によりローター温度を計測したものである。このようなローター温度計測により，回転数，負荷あるいは，冷却による温度変化を調査することができる。また，ローターの燃焼室各部に測定子を設置し，ノッキング現象の解明に利用することもできる。図 33 はノッキング発生時の燃焼室の温度分布で

ある。ノッキング発生部は高温となるので，温度分布から発生点を推測してノッキング対策に応用できる。

　また，アペックスシールに測温用の測定子を取付けて，潤滑限界の解明に利用することもできる。図 34 に，アペックスシールに測定子を取付けた構造を示す。

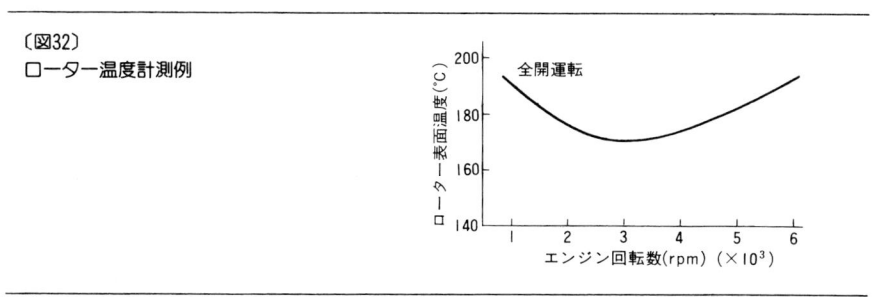

〔図32〕
ローター温度計測例

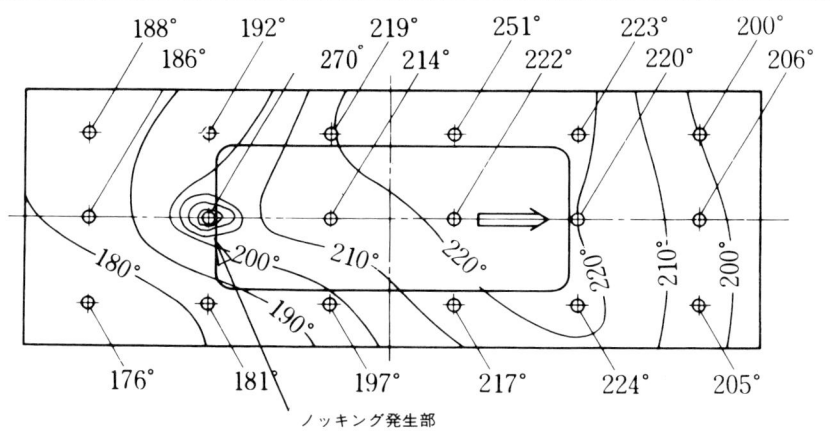

〔図33〕　ノッキング発生時のローター温度

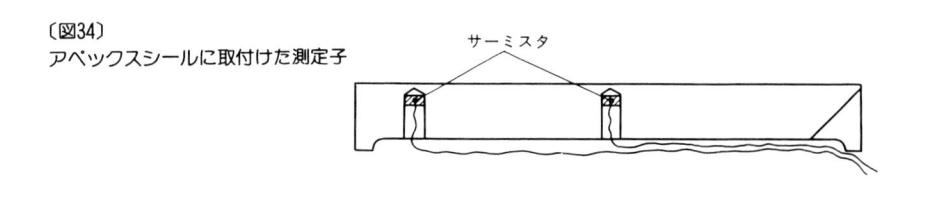

〔図34〕
アペックスシールに取付けた測定子

〔図35〕
アベックスシールの測温例

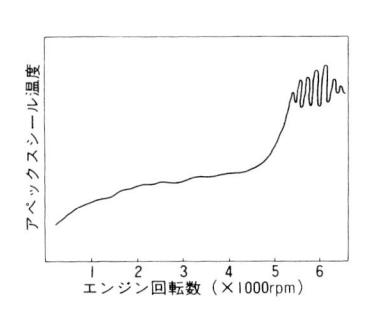

図35は，この方法で行なった潤滑限界付近の測温結果である。図中で異常に波形が乱れているのは，潤滑条件が限界に近いので部分的に油膜が切れ，アペックスシールとトロコイド面が金属接触し，発熱現象を起こしているからである。この方法により，長時間の耐久テストを行なわなくても，供給潤滑油量の限界を決定することが可能となっている。

　この測定法を利用して，ガスシールとしゅう動面との接触状況や，シール溝との接触状況を計測して，ガスシールの挙動を測定することもできる。

(2) イオン電極による燃焼計測

　図36にトロコイド周壁の各部分に，イオン電極を取付けた計測装置の例を示す。これは，燃焼直前に燃料や酸素がイオン化されることに着目し，火炎前面が電極に到達することを感知することにより，火炎の拡がり状況や燃焼速度などの燃焼状態を計測するものである。

　この装置はガラス窓を取付け，火炎を直接撮影する高速度撮影法などより，比較的耐久性に優れるので，かなりの高負荷運転時の計測も可能である。したがって，ノッキングなどの異常燃焼の解明に有効である。図37にこの方法で計測した火炎伝ぱ状況を示す。これにより，スキッシュ流がリーディング側へ火炎を運ぶため，リーディング側の火炎伝ぱの速さがトレーリング側よりはるかに大きいことが分る。

　図38にノッキング発生時の火炎状況を示す。正常燃焼をしている燃焼室中央部

〔図36〕
イオン電極取付け状態

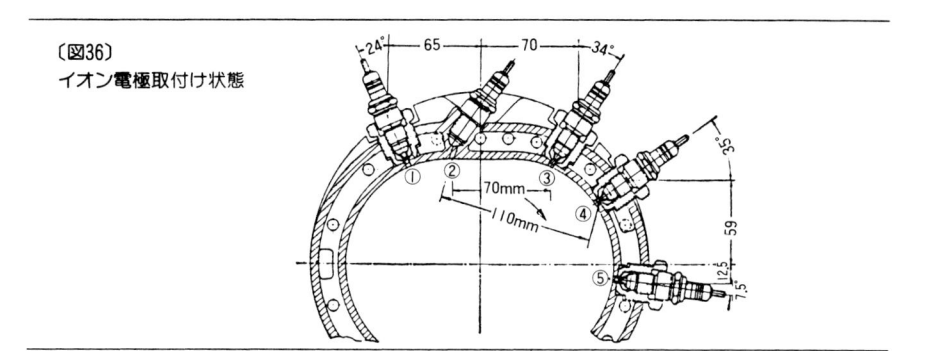

〔図37〕
火炎伝ば状態

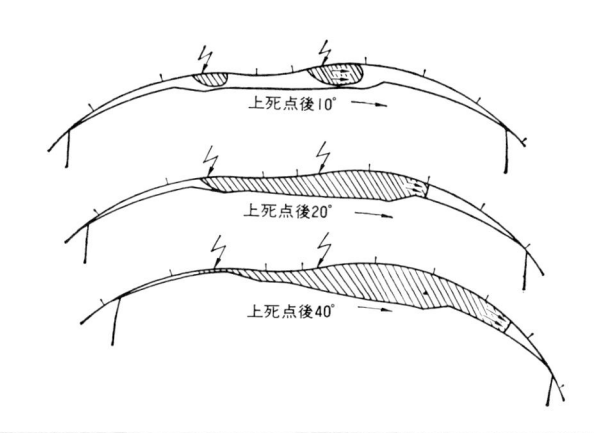

上死点後10°

上死点後20°

上死点後40°

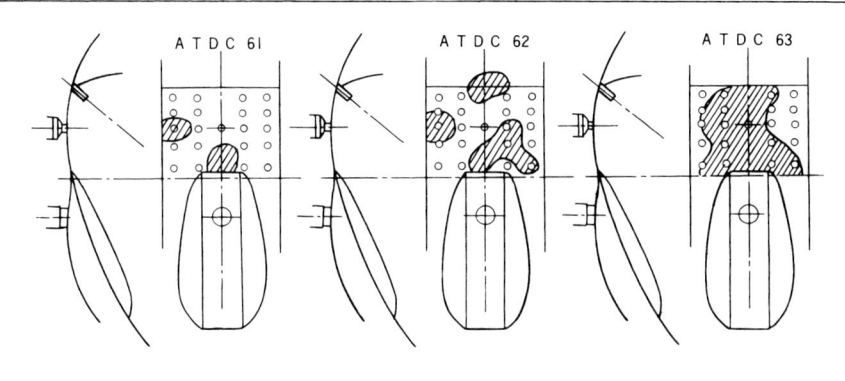

ATDC 61　　　ATDC 62　　　ATDC 63

〔図38〕　ノッキング発生時の火炎

から離れたトレーリング部分で，別の燃焼が発生しているのがよく分る。

　このような観測結果により，ノッキング発生位置を確認してその周辺の燃焼を改善したり，重点的にローターの冷却を行なうなどして，自己着火を抑制するなど，的を絞った効率の良いノッキング対策を行なうことができる。

(3)　高速度カメラによる燃焼撮影

　高速度カメラで火炎を直接撮影すれば燃焼状態について得られる情報が多く分りやすい。

　このためには，燃焼室の一部を透明ガラスにする必要があるが，ロータリーエンジンの燃焼室を形づくっているハウジングは，全てガスシールのしゅう動部分となっているので，シリンダーヘッドに観測窓をつけられるレシプロエンジンとは違った特別の配慮が必要とされる。たとえば，透明ガラス観測窓部と周辺部の段差があるとガスシールを損傷したり，あるいは，ガスシール性を悪化させて燃焼状態が変化するので，全く同一面とする必要がある。またガスシールがしゅう動しても，損傷せず透明度を保持するようなガラス材料を選定しなくてはならない。

　しかし，高強度のガラスでも金属材料には及ばないので，比較的軽負荷，低回転の燃焼計測に限られる。図39は，この方法により撮影した火炎成長状態であ

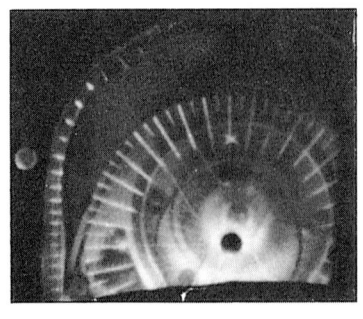
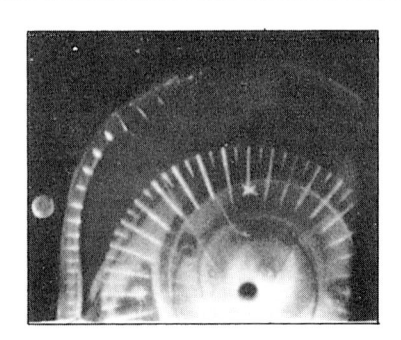

〔図39〕　燃焼の高速度撮影

る。イオン電極法での計測結果と同様に，火炎が主にリーディング側へ成長している様子が分る。

6. 排出ガス対策技術

　ロータリーエンジンはレシプロエンジンと比較し，CO の排出量は同等であるが，HC の排出量が多く，NO_xの排出量は少ない。

　これは，ロータリーエンジンの燃焼室がレシプロエンジンに比べ偏平であることにより，燃焼室端部の作動ガスがハウジングやローターで冷やされ燃焼しにくいこと，また燃焼時に作動ガスがリーディング側の一方向にしか流れず，トレーリング側への火炎伝ぱが悪く，とくにトレーリング端の作動ガスが燃焼しないということによる。さらに，しゅう動部に排気ポートがあるため，これらの未燃成分でトロコイド面などに付着している部分がガスシールによりかき取られ，強制的に排出させられることも影響し，HC が多いと考えられている。

　また NO_x が少ないのは，燃焼室が偏平なこと，作動ガス流動が一方向に限定されることなどから，燃焼室全体の混合ガスの燃焼時間が長くなるが，さらに作動期間がレシプロの 1.5 倍と長いことから，燃焼による作動ガス圧の上昇が緩慢となり，最高温度がレシプロエンジンより 200℃程度低くなるので，NO_xの発生が少ないと考えられている。

　したがって，ロータリーエンジンでは，その特性を考慮した独特な排出ガス対策技術が開発されている。

⑴　サーマルリアクター

　ロータリーエンジンは NO_xの排出量が少ないので，空燃比の調整を行なうことや EGR を導入することなどで，エンジンからの NO_x発生量を規制値以下に抑えることが可能である。そのため，HC と CO だけを後処理装置により清浄化すれば

〔図40〕
サーマルリアクターの
容積とHCの関係

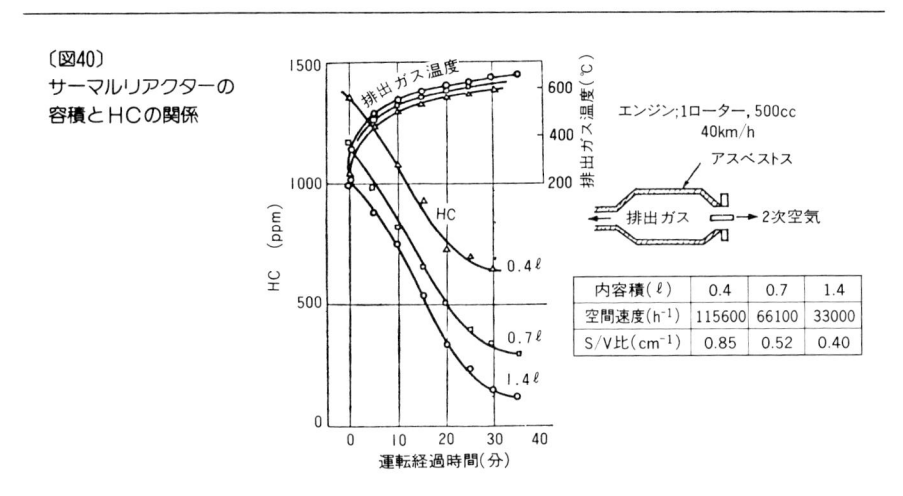

内容積(ℓ)	0.4	0.7	1.4
空間速度(h⁻¹)	115600	66100	33000
S/V比(cm⁻¹)	0.85	0.52	0.40

〔図41〕
断熱材の厚さとHCの浄化性能

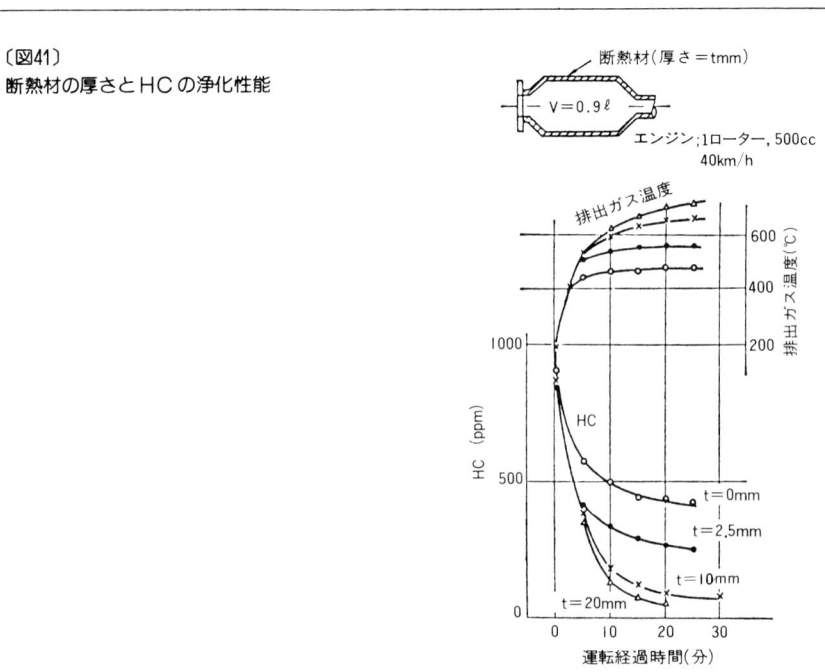

良い。

　この点に着目して開発されたのがサーマルリアクターである。サーマルリアクターは以下のような点で，ロータリーエンジンにより適していると考えられる。

　①エンジンの構造上，サーマルリアクターをエンジンに密着して装着でき，熱損失を少なくすることが可能なため浄化効率が良くなる。

　②大出力の場合でも排気ポートの数が少ないので，構造が簡単にできる。

　③排出ガスが排気ポートより連続排出され，しかも，排出ガス温度自体が高いのでサーマルリアクター内の酸化反応に有利である。

　④排気ポートの構造が簡単なため，サーマルリアクターへ流れるまでの熱損失を少なくするポートライナーが装着しやすい。

　⑤エンジンの下部に取付けられるので，エンジンルームの熱害に有利である。

ⅰ）サーマルリアクターの性能向上技術

　上記のように，サーマルリアクターはロータリーエンジンに適した排出ガス浄化装置と考えられるが，きびしい排出ガス規制に適合させるためサーマルリアクターの反応性を最大限に引きだすための工夫がなされている。

ａ．サーマルリアクター容積

　サーマルリアクターで充分酸化反応させるためにはサーマルリアクターの容積を増し，排出ガスが内部に滞溜する時間をなるべく長く保つ必要がある。図40は，サーマルリアクター容積とHC浄化性能の関係を示したものである。また容積の増加とともにサーマルリアクター内部の表面積／容積比（S／V比）が小さくなり，放熱量が少なくなるがこれも有利と考えられる。しかし，エンジンルーム内の限られたスペースに装着する必要があり，やみくもに大きくすることはできない。したがって，エンジンの種類や車種に応じた内部容積，形状が採られている。

ｂ．サーマルリアクターの保温技術

　排出ガスが酸化反応するためには，排出ガスを一定以上の温度に保持しておく必要がある。そのため，サーマルリアクターを適度に保温している。図41は，サーマルリアクターを保温するため断熱材として巻いたアスベストの厚さと，HCの浄化性能との関係を示したものである。保温が浄化性能へ与える効果は大きく，

126

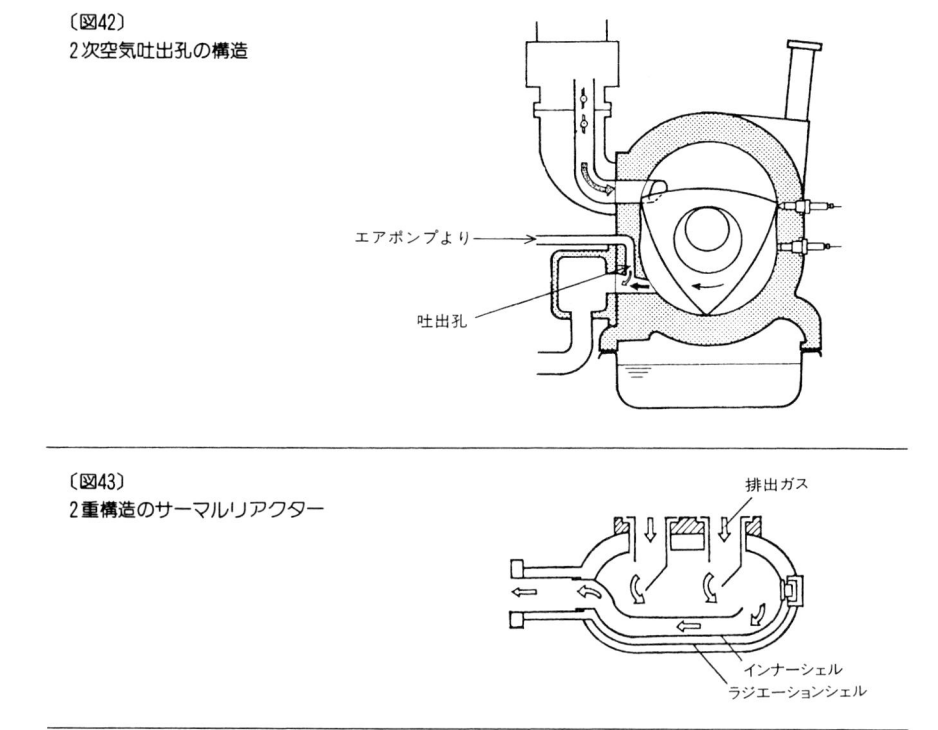

〔図42〕
2次空気吐出孔の構造

エアポンプより →

吐出孔

〔図43〕
2重構造のサーマルリアクター

排出ガス

インナーシェル
ラジエーションシェル

断熱材として10mm程度の厚さが必要であることが分る。

　c．2次空気との混合技術

　HCとCOが浄化されるためには，2次空気と充分混合され酸化されなければならない。そのために，2次空気導入法や排出ガスの流し方が工夫されている。図42は，2次空気の吐出孔付近の構造を示したものである。排出ガスがサーマルリアクターに入る前に2次空気と混合するように，噴出ノズルを排気ポートに設けて吐出方向を排出ガスの流れに直角にして，混合をさらに促進させている。

　図43は，2重構造にしたサーマルリアクターである。このリアクターは，排出ガス流れ通路を長くすることにより滞溜時間を延長させるとともに，排出ガス流れを乱すことにより2次空気との混合を良くしたものである。

ii）サーマルリアクターの耐久性向上技術

　サーマルリアクターは高温の排出ガスにさらされているので，酸化腐蝕や熱変形を防ぐ工夫がなされている。

　使用材料は，耐熱，耐酸化性に優れたものを選択しているが，とくに高温となる部分には TAC 処理と呼ぶ特殊な処理をして耐酸化性を向上させている。これは，素材のステンレス鋼を，高温溶融中の耐酸化性に優れた金属成分を添加したアルミニウム液に浸漬し，ステンレス鋼表面にアルミニウムとの化合物層を形成することにより，耐酸化性能を飛躍的に向上させる技術である。図 44 に TAC 処理したステンレス鋼の断面写真を示す。

　さらにサーマルリアクターの各部材，とくに接合部には熱疲労による亀裂や破損を防ぐ工夫をする必要がある。これに対しては，各部材が熱膨脹により機械的に拘束されることを避けるような構造が採られている。

　また，サーマルリアクター外壁が異常な高温になると，エンジンの周辺部へ悪影響を与えるので，外壁を 2 重構造にしてバイパスした 2 次空気により強制空冷するシステムが採用されている。

　図 45 にその 2 重構造を示し，図 46 に空気冷却の効果を示す。これにより内壁

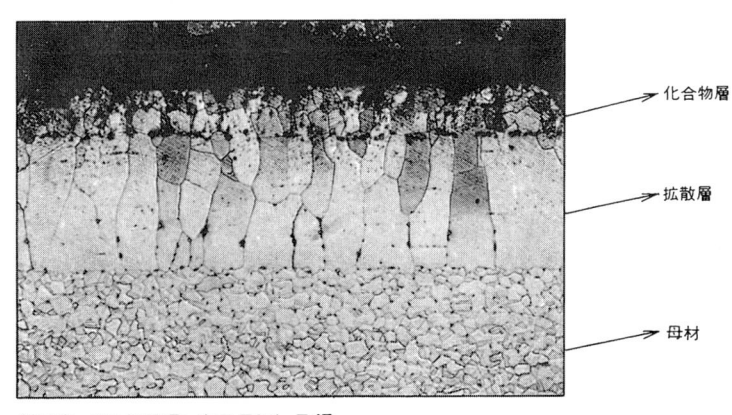

〔図44〕　TAC処理したステンレス鋼

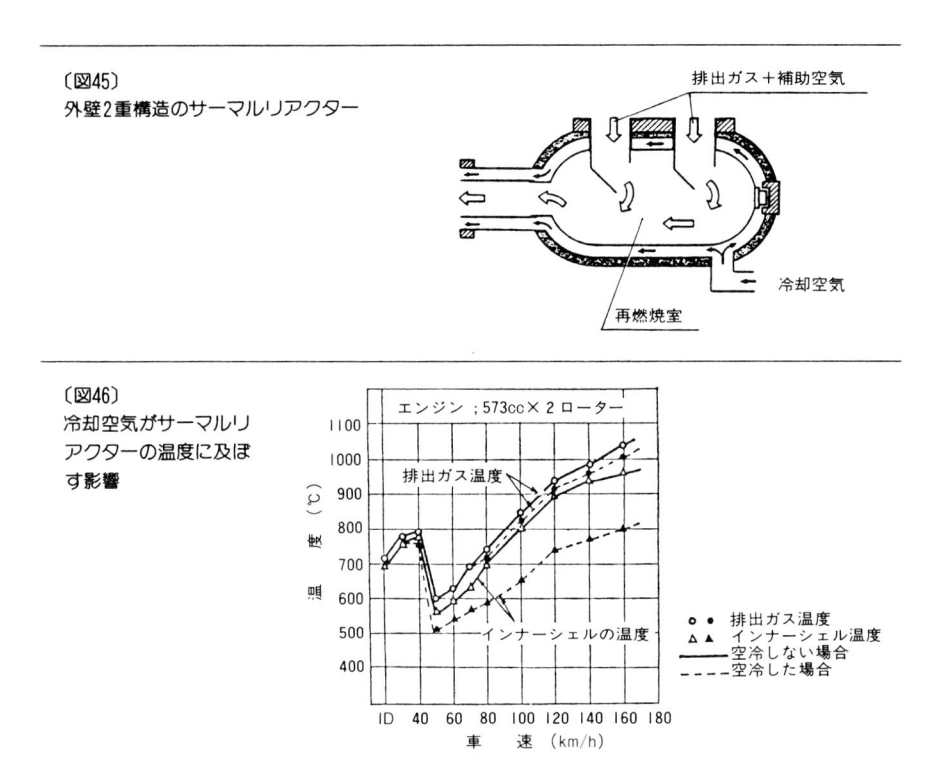

〔図45〕
外壁2重構造のサーマルリアクター

排出ガス＋補助空気

冷却空気

再燃焼室

〔図46〕
冷却空気がサーマルリ
アクターの温度に及ぼ
す影響

エンジン；573cc×2ローター

排出ガス温度

インナーシェルの温度

温度（℃）

○○ ●● 排出ガス温度
△△ ▲▲ インナーシェル温度
──── 空冷しない場合
- - - - 空冷した場合

車　速（km/h）

部が 100〜160℃低下していることが分る。

(2)　ヒートエクスチェンジャー

　サーマルリアクター内で，2次空気が排出ガスと酸化反応するためには，2次空気自身も高温であることが望ましい。一方，サーマルリアクター内で酸化反応後の排出ガスはかなりの高温であるが，そのため排気管の強度上の問題や，周辺へ与える熱害をなくするため，冷却することが望ましい。

　この両者の要求を満足させるために開発されたのが，ヒートエクスチェンジャーである。図47にその構造を示す。図に示すように，2次空気は反応後の排出ガスを冷却すると同時に，自らは加熱されて排気ポートに吐出されているが，その

間の熱交換の効率を上げるため,2次空気の導入通路はできるだけ長く取れるよう工夫されている。

　アイドリングなどの軽負荷運転では，排出ガス量が減少し，サーマルリアクター内の排出ガス温度が低下し，サーマルリアクターの反応性を維持することが難しい。そのため，このような軽負荷運転域では，空燃比をややリッチセットにして,HC の排出量を意図的に多目にして反応性を確保しているが,ヒートエクスチェンジャーを採用することにより反応性が改善されるので，このような軽負荷域での空燃比をよりリーンセットにすることができ，燃費を改善することができる。

(3)　キャタリストコンバーター

　前述のような，ガスシールなどのエンジン本体の改善，高性能点火システムの開発，新減速制御装置，リアクティブマニホールドの開発により，エンジンから排出される HC は大幅に低減されている。また，前述のようにサーマルリアクター方式では，軽負荷域で空燃比をリッチセットにする必要があるので，この運転領域での燃費はやや不利な傾向にある。このような背景から，ロータリーエンジ

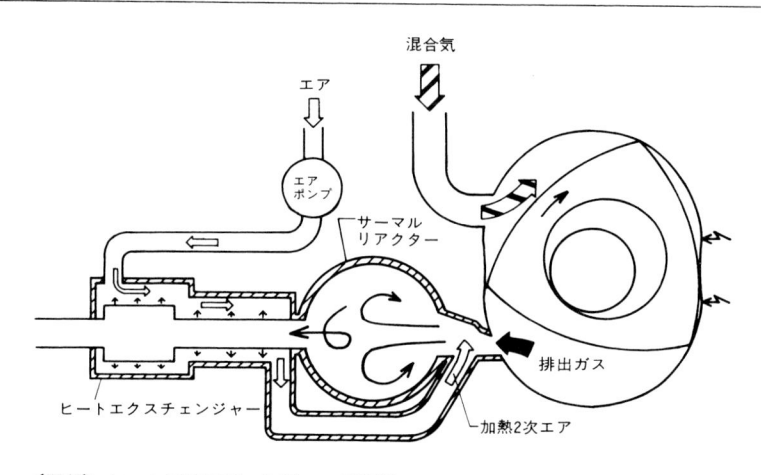

〔図47〕　ヒートエクスチェンジャーの構造

ン用のキャタリストコンバーターが開発された。

i）1コンテナ2ベッド・スプリットエア方式

　前述のようにロータリーエンジンの排出ガス中の HC は，従来より大幅に低減されたが，レシプロエンジンに比較するとまだかなり多い。ただし NO_x の排出量は少ない。したがってレシプロエンジンと同様なキャタリストシステムでは，HC，CO，NO_x を全て要求どおりに浄化することは困難である。この問題を解決するため，HC，CO 用コンバーターと NO_x 用コンバーターが必要となるが，2つのコンバーターを搭載するのは非常に困難なので，1つのコンテナに2つのベッドを設置した構造のコンバーターが開発された。図48 に示すように，三元触媒を1つのコンテナに2個直列に配置し，2次エアを適切にコントロールしている。また，図49 に示すように，NO_x が浄化される空燃比と，HC，CO が浄化される空燃比は異なっている。

　そのため，低速及び減速時のように NO_x の排出量が少ない運転領域では，エキゾーストポート部へポートエアが供給されて，リアクティブエキゾーストマニホールド内で HC，CO の一部が燃焼し，続いて触媒コンバーターの前後で酸化反応

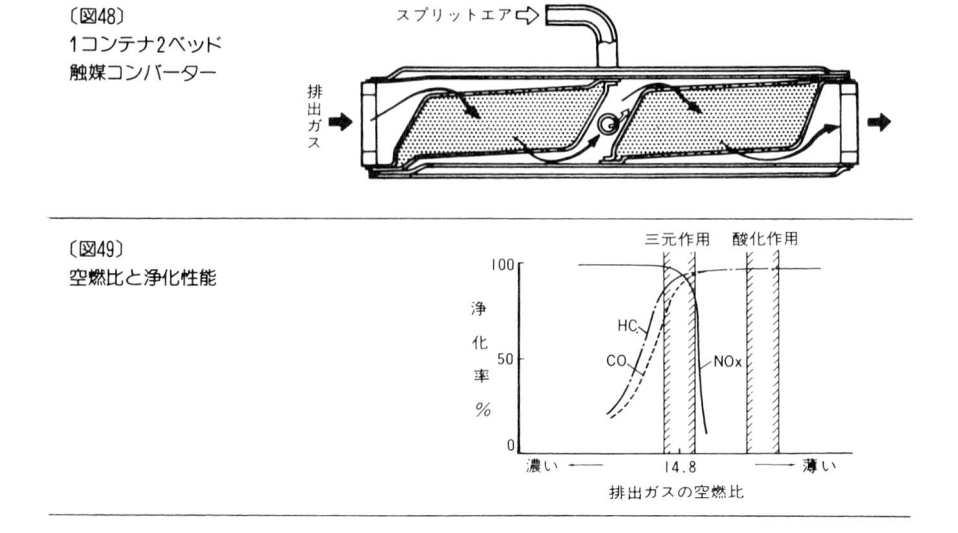

〔図48〕
1コンテナ2ベッド
触媒コンバーター

スプリットエア⇨

排出ガス

〔図49〕
空燃比と浄化性能

三元作用　酸化作用

浄化率 %

100

50

0

HC

CO

NOx

濃い　　　14.8　　　薄い

排出ガスの空燃比

〔図50〕
キャタリストコンバーターの
構造

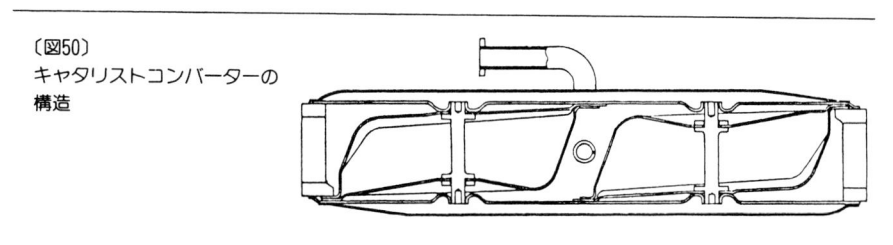

〔図51〕
シャッターバルブ付
減速機構

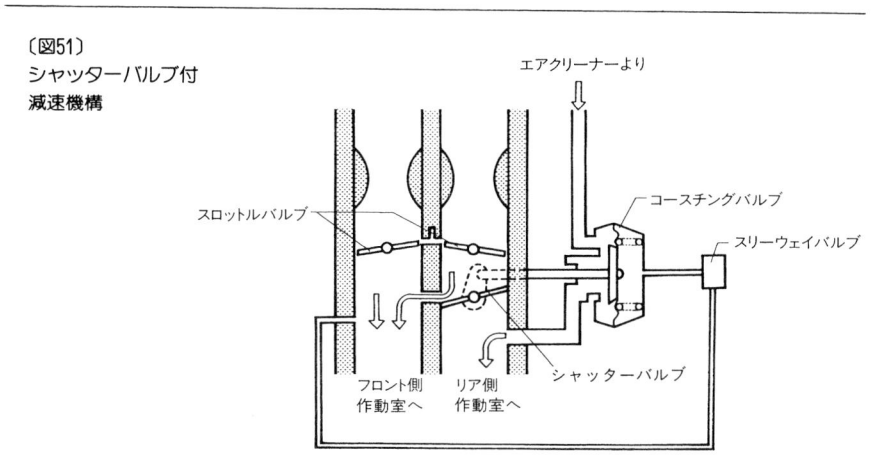

が行なわれている。

　次に，中速域のようにNO_xの排出量が増加する運転領域では，ポートエアをカットして前段は三元触媒として働かせ，主としてNO_xを浄化しさらに一部のCO，HCを浄化している。スプリットエアが供給される後段は，酸化触媒として働き，HC，COを浄化している。

ⅱ）キャタリストコンバーターの耐久性向上技術

　ロータリーエンジンは，HCの排出量がレシプロエンジンより多いので，キャタリストで酸化する量も多くなり，コンバーターが高温になる傾向にある。さらに，高速では排出ガス温度が高い傾向にあるので，さらに高温となる頻度が増加する。したがってロータリーエンジンのキャタリストコンバーターは，高温耐久性を満足させる必要がある。なかでも図50に示すキャタリストコンバーターのコンテナ

（ケース）に工夫がなされている。

コンテナの耐久性を上げるには，まず使用材料に熱疲労強度，高温強度のすぐれたものを選定する必要がある。従来この両特性を満たす材料にインコネルと呼ばれる高ニッケル鋼があるが，コストが非常に高く実用的でない。そのため熱疲労強度と高温強度に優れた，従来の常識を打ち破るステンレス鋼があらたに開発され採用されている。

さらに，コンテナそのものの構造・形状も，内部の応力集中を緩和するように工夫されている。

(4) シャッターバルブ

ロータリーエンジンはバルブ機構がないので，とくに減速時は吸排気のオーバーラップ中にダイリューションガスが増大し，失火に対して不利である。失火現象が発生すると，排気ガス中の HC が急増し，キャタリストコンバーターでは浄化できなくなる。さらに，不規則な失火が発生すれば，トルク変動が増大し走行性が悪化する。

このような減速時の失火現象を対策するために，シャッターバルブ機構が採用されている。図 51 にその構造を示すように，シャッターバルブはフロント，リアのどちらか一方の吸気通路に設けられており，減速時にこの通路を閉じることにより，一方の混合気を他方へ吸入させ，吸入側の充填効率を上げて着火率を高める働きをしている。

なお，シャッターバルブからの混合気の洩れを防ぐため，コースティングバルブを採用しシャッターバルブ下流へ空気のみ入れ，シャッターバルブ下面の負圧を適正に保っている。

第5章
ロータリーエンジン
搭載車の実例と特徴

1958 年以来，バンケル型ロータリーエンジンの開発が世界各地に広がり，いろいろな分野のエンジンとして研究が進められた。その中で自動車用として取り組んだメーカーは，ロータリーエンジンの特徴を明らかにするにつれて，このエンジンをどのような車にのせるべきかいろいろ検討している。ここでは世界のロータリーエンジンが搭載された市販車（一部実験車）を中心に，技術的あるいは歴史的に意味のある車を紹介することにする。

1. ロータリーエンジン搭載車の実例

(1) NSU スパイダー（NSU・西ドイツ）

　1963 年フランクフルトにおける万国博覧会に出品され，翌 1964 年 11 月に市販された世界最初のロータリーエンジン搭載車である。

　基本ボディは，NSU のプリンツをベースにリアサスペンションを変更してい

〔図1〕
NSU スパイダー

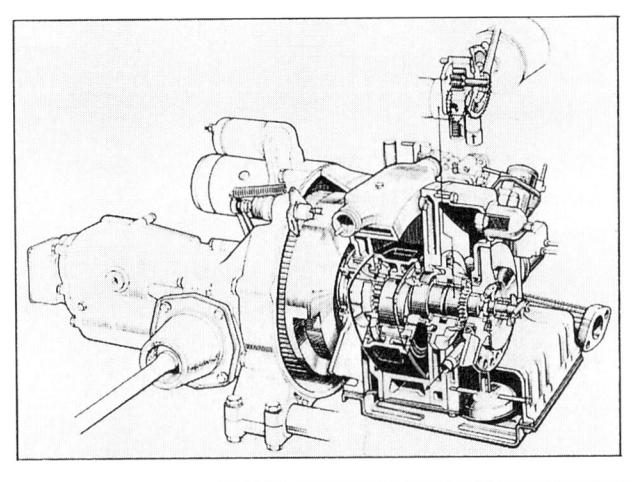

〔図2〕
NSU スパイダー用1ロ
ーターエンジン

497.5cc×1　圧縮比；8.5：1
吸排気口；ペリフェラルポ
ート　スパークプラグ；
トレーリング側1本　最
高出力；54ps/6000rpm
最高トルク；7.9kg·m/
3500rpm　最高速；150km
/h

る。これにシングルローター（497.5cc×1）54psのエンジンをリアに搭載したリアドライブ方式の車であった。ロータリーエンジンのコンパクトさと高出力をうまく生かした方法として注目に価するといえよう。

　このエンジンの特徴は吸気方式をペリフェラルポートにしたことで高速出力を大きくしており，スポーツタイプとしての許容レベルの低速域運転性を確保しながら，車としてのバランスを取っているところであろう。(生産　1964～1967年)

(2)　コスモスポーツ（東洋工業・日本）

　1963年10月第10回東京モーターショーに出品され，1966年から1年間，100台の社外委託試験後発売された日本初のロータリーエンジン搭載車である。

　ボディは革新的なロータリーエンジンにふさわしい，低く流れるようなシャープなラインをもつ，本格的な2シーターツーリングスポーツカーであり，そのスタイルは現在でも古さを感じさせないものである。

　エンジンはサイド吸気ポートをもつ491cc×2ローターで，最高出力110ps，最大トルク13.3kg-m，最高速185km/hの性能をもつ。サイドポートの採用により，トップギアで25km/hからの加速も可能という，従来のスポーツカータイプで

〔図3〕
コスモスポーツ

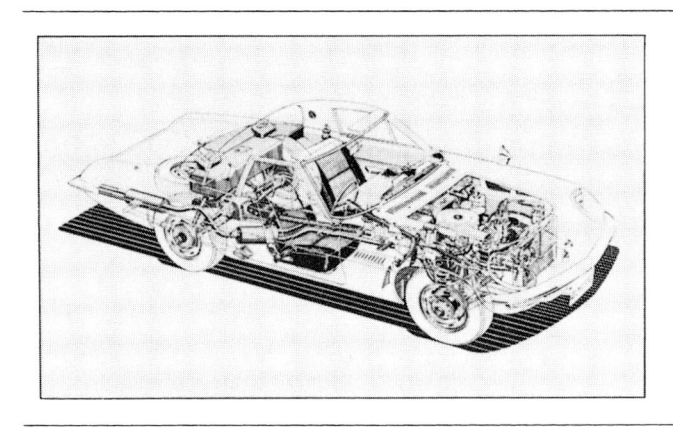

〔図4〕
コスモスポーツ透視図

491cc×2　圧縮比；9.4：1
吸排気ポート；サイド吸気,
ペリ排気　最高出力；110ps
（128ps)/7000rpm　最大
トルク；13.3kg・m(14.2)
/3500rpm　最高速；185km
/h(200km/h)　0→400m；
16.3秒(15.8秒)　駆動方
式；F－R
（　）内は128ps仕様

は考えられない走行性を実現している。

　アルミ合金にクロームメッキを施したローターハウジングに，燃焼効率を高めるため2本の点火プラグを取付け，サイドハウジングはアルミ合金に金属の溶射，カーボンアペックスシール，三重オイルシール，4バレルキャブレター等を採用し性能と信頼性を高めている。

　その他，高性能エンジンに見合う操縦安定性，安全性を確保するため，ドディオン式リアサスペンション，フロントディスクブレーキ，3点式シートベルト，安全合わせガラス，偏平タイヤ等当時としてはトップクラスの装備をもっている。

　翌年には128馬力とパワーアップを行ない高速安定性，居住性の向上をはかった。

　ロータリーエンジンの実用化成功により内燃機関の発展に寄与したとして，社外委託試験車及び試作エンジン(ペリフェラルポート)各1台が自動車博物館に展示されている。(生産　1967〜1972年)

(3)　Ro80 （アウディNSU・西ドイツ）

　ロータリーエンジンのコンパクトさを生かしたFF駆動の本格セダンで，アウトバーンに映える美しいスタイルと走りが注目を集めた車である。

　スタイルは当時(1967年)としては画期的なデザインと紹介されたが，2ロータ

ーエンジンのコンパクトさが低く流れるようなボンネットラインを可能にし，空気抗力係数(CD)0.355 を実現している。それは新しいボディスタイリングの傾向が Ro80 から始まったといっても過言ではないほどの数値であった。

　この車にわずか497.5cc×2，115ps のエンジンを搭載し，最高速 180km/h の性能を出したのである。

　翌年には欧州最優秀自動車賞に選ばれている。

　この車は駆動系が FF 方式のセミオートマチック(電磁クラッチ方式で，シフト

〔図5〕
NSU Ro 80

〔図6〕
NSU Ro 80用2ロー
ターエンジン

497.5cc×2 最高出力；115ps
/5500rpm　最大トルク；
16.2kg·m/4500rpm
最高速；180km/h 吸気方
式；ペリインレット　駆動
方式；FF駆動のセミA/T

レバーにスイッチが組み込んでありシフトレバーを握るとクラッチが切れる）のみであり，低速域の運転性はペリフェラルポート特有のエンジンラフネスもなく，すばらしい運転性を実現し高い評価を得ている。（生産　1967～1971 年）

(4)　ファミリアロータリークーペ（東洋工業・日本）

　東洋工業はロータリー搭載車の第1弾として，コスモスポーツを発売し世界の注目を集めた。その加速性能，高速性能，静粛性，スタイリング等が大きな話題となったが，高価なツーリング・スポーツカーであり，一般の人々に充分受け入れられるものではなかった。

〔図7〕
ファミリアロータリークーペ

〔図8〕
ファミリアロータリーセダン

491cc×2 圧縮比；9.4：1
最高出力；100ps/7000rpm
最大トルク；13.5kg・m/
3500rpm　最高速；180km
/h　0→400m；16.4秒

　そのため本格的に大衆に受け入れられるべきロータリーエンジン車として，ファミリアロータリークーペが発表された。当時のファミリア（CE1000cc，1200cc）と同じコンパクトなボディに，コスモの110psエンジンをさらにデチューンした100psのエンジンを搭載し，これまでにない性能をもつ高級ファミリーカーとして市場に導入された。

　当時の日本はようやくハイウェイ時代を迎えた時期であり，ユーザーの自動車に対する多様化，高級化，高性能化への要求が高まってきていたなかで，最高速180km/h，0→400m発進加速16.4秒の性能は，コンパクトなファミリーカーながらスポーツカー並のもので，高速時代にふさわしい車といえた。そのために走行性・安全性に対する配慮も充分なされ，小型車としてはぜいたくな設計となっている。例えば三角窓のない広く明るい視界，高速制動力のすぐれたフロントディスクブレーキ（ガーリングタイプ），高速安定性及びコーナリング性能にすぐれる偏平タイヤ（ラジアルタイヤをオプションに設定），3点式シートベルト等を装備していた。

　翌年にはセダンタイプにも搭載し大衆化及び市場拡大がはかられた。（生産　1968～1973年）

(5)　C111（メルセデスベンツ・西ドイツ）

　1969年9月のフランクフルト自動車ショーに出品された3ローターのスポーツカーで，NSU，東洋工業に次ぐベンツのロータリーエンジン車の第1弾である。

　スポーツカーというより，レーシングカーと呼んだ方がふさわしいようなこの実験車は，ベンツの技術の粋を集めたものである。ハイチューンされたロータリーエンジン，ウェッジ形2シーターボディ，ガルウイングタイプのドア，太いタイヤ等独特のものであり，東京モーターショーにも参考出品されている。

　エンジンは単室容積600cc×3ローターで，ペリフェラルポートにボッシュ製のメカニカル燃料噴射装置をつけ，セミトランジスタ点火方式に沿面放電点火プラグをもち，最高出力250ps／7000rpm，最大トルク30kg-m／5000rpmという高出力エンジンである。

〔図9〕
ベンツCIII

600cc×3　最高出
力；250ps/7000rpm
最大トルク；30kg・
m/5000rpm　最高速
；260km/h　0→100
km/h；5秒

　このエンジンをレーシングカー並にミッドシップに搭載し，最高速260km/h，
0→100km/h 5秒の性能を示している。（実験車）

(6)　ルーチェロータリークーペ（東洋工業・日本）

　この車はベルトーネデザインのルーチェセダン（CE1800cc）のイメージを残し
たスタイルであるが，ルーチェより全長，全幅，重量等一回り大きく，ロータリ
ーエンジンのコンパクトさを生かした低いボンネットラインと，FF駆動方式にす
るなど，根本的には異なる高級パーソナルカーである。

　当時は高度成長の最中にあり，所得レベルの向上，道路網の整備等によりモー
タリゼーションは急速に進展しており，クーペやハードトップといった，スポー
ティで個性的な車や，安全性の高いより快適な車への要求が高まっていた。

　その中にあって，コスモスポーツ，ファミリアロータリークーペに続く，ロー
タリーエンジン車の最高峰として，新設計の655cc×2ローターエンジンを搭載し
て登場したのがルーチェロータリークーペである。

　最高時速190km/h，0→400m発進加速は5人乗って16.9秒と，2リッター級
GTカー顔負けの実力に加え，高速安定性，操縦安定性も高められている。

　これらの装備には，応答性のよいラック＆ピニオン式パワーステアリング，チル
ト式ハンドル，ラジアルタイヤ，ショック吸収ハンドル，リアのロックを防止す

〔図10〕
ルーチェロータリークーペ

655cc×2ローター　最高
出力；126ps/6000rpm
最大トルク；17.5kg・m/
3500rpm　圧縮比；9.1：1
最高速；190km/h
0→400m；16.9秒
（5人乗）

〔図11〕
カペラロータリー

（　）は'72年のカペラGS-Ⅱ
573cc×2ローター，　圧
縮比；9.4：1　最高出力；
120ps/6500rpm（125ps
/7000rpm）　最大トルク；
16kg・m/3500rpm（16.3kg・
m/4000rpm）0→400m；
16.2秒（15.7秒）　最高速；
180km h（190km/h）

るプロポーショニングバルブ，フロントディスクブレーキ，自動間隙調整装置付
リアブレーキ等がある。（生産　1969〜1971年）

(7)　**カペラ**（東洋工業・日本）

　この車は，4万台を超えるロータリー車ユーザーを背景に，拡大する小型車市場
に対応するため，12A型（573cc×2）エンジンを搭載した本格的な小型乗用車とし
て登場した。

　12A型エンジンは，ファミリアの10A型エンジンのハウジング幅を各10mm計20
mm広くして，573cc×2としたものである。最高出力が120ps，0→400m 16.2秒
の抜群の性能の他に，静粛性を高めるためにハニカム構造の排気ポートや，着火

性を高めるための2ギャップ式点火プラグ等，多くの新機構を取り入れている。

　ボディは三角窓を廃し，ジェット戦闘機の空気力学理論（俗称コークボトルライン）を巧みに取り入れたダイナミックなラインと，セミファーストバックの流れるようなキャビンが美しいラインを生み出している。新機構の4リンクラテラルロッド式リアサスペンションや接着タイプのフロント&リアウインドウ等を採用している。

　1971年にはロータリーエンジンとしては初めての，フルオートマチックトランスミッションが採用された。これもロータリーエンジンの高回転特性と回転立上がりの速さとスムーズさをフルに生かしたセッティングであり，オートマチックでありながら0→400m 17.5秒，最高速180km/hの性能を得ている。（生産　1970～1978年）

(8)　ルーチェ（東洋工業・日本）

　ロータリーエンジン車のフルライン体制を確立し，ロータリー車の頂点となる車として発売されたが，同時に当時の排出ガス規制（50年規制）を量産車としては初めて達成し，低公害車優遇税制適用車の第1号となった。

　当初は12A型エンジンのみであったが，73年12月には最高馬力135ps，最大トルク18.3kg-mと一段とアップした13B型エンジンも搭載された。またMT車に

〔図12〕
ルーチェロータリー

12A型（　）は13B型　排
気量；573cc×2(654cc×2)
最大出力；130ps/7000rpm
(135ps/6500rpm)　最大
トルク；16.2kg・m/4000rpm
(18.3kg・m/4000rpm)
最高速度；185km/h(190km
/h)　0→400m；16.1秒
(15.8秒)

　はトルク変動を平滑化するフルードカップリングが組み合わせられ，低速域のギクシャク感がなくなり，よりスムーズな運転性が得られるようになった。

　排気ガス浄化システムは，本来NO_xの発生が少ないエンジンに加え，対米車向に装着し実績のあったサーマルリアクターを取付けたものである。2次公害の恐れもなく出力低下もない，パワフルな低公害エンジンとしている。

　その後ロータリーエンジン車の低公害化は着々と進められたが，73年のオイルショック以降，省エネルギーが叫ばれロータリーエンジン車の燃費がよくないことが指摘された。その後順次 20％，40％と燃費の改善が実施されていった。(生産 1972〜1978 年)

(9)　**サバンナ RX7**　（東洋工業・日本）

　ロータリーエンジン専用モデルとして開発された新しいタイプのスペシャリティカーである。

　エンジンのコンパクトさを生かして，エンジンを前輪中心より後方に位置させたフロントミッドシップを採用。これにより FR 方式でありながら，フロントとリアの重量配分は 50.7：49.3 となっており，空力特性のすぐれたボディと相まって卓越した操縦性を誇っている。

　ボディはフロントミッドシップにより，フロントノーズは一層低くなった。さ

〔図13〕
サバンナRX7

12A型573cc×2ローター
圧縮比；9.4：1　最高出力
；130ps/7000rpm　最大ト
ルク；16.5kg·m/4000rpm
0→400m；15.8秒　10モー
ド燃費；9.2km/ℓ（キャタ
リスト車）

らに国内では数少ないリトラクタブルヘッドライト採用により，ウェッジ効果を高め空気抵抗の減少をはかっている。キャビンは半球形のキャノピー（風防）型デザインで，ミッドシップでありながら4人乗れるスペースを確保している。

　エンジンは53年度排出ガス規制に適合した12A型エンジンで，より一層の燃費改善及び信頼性の改善がはかられている。79年には，排出ガス浄化システムをこれまでのサーマルリアクター方式から，触媒コンバーター方式に変更し現行のパワーを維持しながら，さらに燃費を20%改善したエンジンとなっている。発売以来，動力性能，操縦安定性，スタイリング等が注目を集めているが，とくに対米市場で好評を博しており1981年末現在で25万台以上の市場実績がある。（生産1978年〜）

(10)　ニューコスモ（東洋工業・日本）

　東洋工業がロータリーエンジンの開発に着手し，満20年に当る'81年秋に登場した新型車である。

　エンジンは6ポートインダクションシステムを採用したもので，従来のエンジンでは4個だった吸気ポートに2個の補助ポートを追加。その他エンジン内部の改良とマイクロコンピューターの組み合わせにより，動力性能をそこなわず燃焼効率を向上させレシプロエンジンと同等以上の燃費性能を実現した。

　これまで，高速走行性，静粛性にはすぐれているが，燃料消費が多いのが最大

〔図14〕
ニューコスモ

573cc×2ローター　圧縮比；9.4：1　最高出力；130ps/7000rpm　最大トルク；16.5kg・m/4000rpm　10モード燃費；10.0km/ℓ　吸気方式；6ポートインダクション式　プラグ；セミ沿面方式点火プラグ

〔図15〕
パークウェイロータリー26

〔図16〕
ロータリーピックアップ

の弱点といわれていた，ロータリーエンジンのイメージを払拭するものであり，20年間の開発及び生産の集大成ともいえる。

　ボディはリトラクタブルヘッドライトをもつウェッジのきいたスタイルで空気抵抗減少を追求，空気抗力係数 CD＝0.32 と量産車では驚異的なレベルとなっている。その他安全性，操安性，快適性等多岐にわたり新機構を装備している。（生産 1981年〜）

⑾　その他
○ **マイクロバス**（東洋工業・日本）
　ロータリーエンジンの適用範囲拡大のため，26人乗りのマイクロバスに 13B 型低公害エンジンを搭載し発売された。ロータリーエンジンの高性能，低騒音，低振動を生かしたこのマイクロバスは，最高速 120km/h を誇る豪華で快適なライト

バスになっている。（生産　1974〜1976 年）

○ **ロータリーピックアップ**（東洋工業・日本）

　マイクロバスと同様にロータリーエンジンの適用範囲拡大のため，アメリカで人気のあったレジャー用ピックアップに，13B 型エンジンを搭載したもので輸出向のみ生産された。（生産　1973〜1977 年）

2. ロータリーエンジン車の特徴

　ロータリーエンジン搭載車の特徴は，①出力の割に小型・軽量，②使用回転域が広くトルク特性がフラット，③振動，騒音が少ない，というエンジンの特徴をそのまま生かした車づくりがなされていることである。これは今までのレシプロエンジン車にはない，独特の車づくりといってもいいと思われる。以下にその特徴を述べる。

(1)　ボンネットが低く空力特性のすぐれたボディスタイル

　エンジンが小型，軽量であるということは，ボディスタイルや車室内の設計に大きな自由度が与えられるため，同出力のレシプロエンジン搭載車には真似のできない車づくりが可能である。それは主に，ボンネットが低く空力特性のすぐれたボディスタイルに表われているといってよい。

　とくに全高 1165 mm の独特なスタイルをもつコスモスポーツ，当時としては驚異的な空力抵抗を実現した Ro80，個性的で美しいボディスタイルをもつルーチェロータリークーペ，そして最も顕著に生かされているのがサバンナ RX 7 である。エンジンを前輪中心線の後方にマウントしたフロントミッドシップ方式は，ロータリーエンジン搭載車ならではのレイアウトである。

　Ro80，ルーチェロータリークーペはフロントドライブ（FF）方式を採用しているが，これもエンジン全長が短いことを生かし縦置き方式とし，部品の共通化，エ

ンジン搭載性，サービス性の向上等を図りながら空力特性のすぐれたボディスタイルとしている。

(2)　トップレベルの走行性と操安性，安全性

　使用回転域が広くトルク特性がフラットであるため，市街地のノロノロ走行から高速道路での高速連続走行までカバーでき，かつ加速性能にすぐれている。これは最高速 180〜195km/h, 0 → 400m 15.7〜16.9 秒 (5 人乗り)，トップギアで 20〜30km/h からでも加速が可能なねばり特性に表われている。

　この高性能を生かすために，スポーティカーはもちろんのこと，ファミリーカーでさえ，その性能に見合うだけの装備が確保されており，操縦安定性，安全性など，常にその時代のトップレベルのものであった。それらの装備にはディスクブレーキ (4 輪ディスクを含む)，衝撃吸収チルトハンドル， 3 点式シートベルト，安全合わせガラス，偏平ラジアルタイヤ，リアロック防止のプロポーショニングバルブ等がある。トレッドの拡大などの足回りの改良も含め，市販車のリーダー的存在であるといえる。

　この高性能ぶりはオートマチックトランスミッション車についても同じであった。使用回転域が広く，回転の立上がりが早いため，発進時のもたつきがなく，スムーズな加速感とレスポンスの早さはオートマチック車の評価を一変させるものであった。

〔図17〕　サバンナRX7透視図

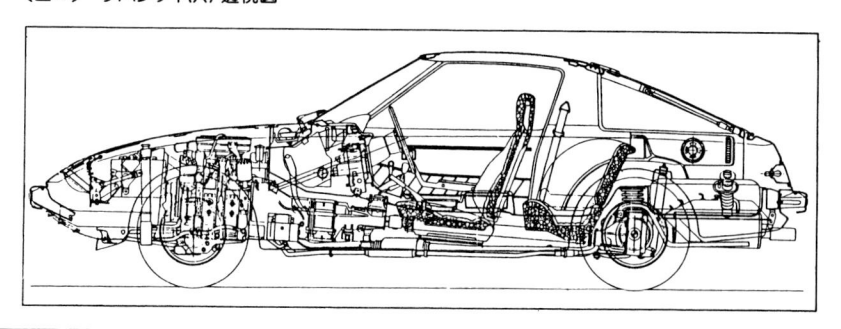

第6章
ロータリーエンジン車の
ドライビング&メンテナンス

ロータリーエンジン搭載車が市場に出るにつれて，従来のレシプロエンジン車に比較し，乗り心地，加速感等が一味違ったものであることが評価されている。それは，振動が少ない，静かである，回転上昇が早く天井知らずの感がある，さらに高速回転域の加速感は力強くパンチがある，等々である。それまでレシプロエンジンのスポーツカー，スポーティカーと呼ばれる車が低速域は少々ギクシャクしても，高速域の出力を重要視してチューニングされていたのに対して，ロータリー車のこのフィーリングはセダン的なおとなしい低速の乗りやすさを持ちながら，高速ですばらしい加速が得られるところから，一般にはこれが『ロータリーフィーリング』と呼ばれ，ファンを形づくってきている。

1.ロータリーフィーリング

(1) ロータリーエンジンの振動

　ロータリーエンジンは振動が少ないと言われているが，一般にエンジンの振動を発生させる主な要因は，①運動部分の慣性力や，慣性の偶力の不つり合いによるものと，②トルク変動がある。そこでこれらについてもう少し詳しく説明して見よう。

　まず運動部分のつり合いについて考えて見ると，

　一般に運動している部分（例えばレシプロではクランクシャフト，ピストン，コンロッド，バルブ類，ロータリーではエキセントリックシャフト，ローター……等）によって生ずる慣性力をつり合わせるためには回転運動の質量と，往復運動の質量の2つについて考えなければならない。このうち回転運動のつり合いは，バランスウエイト，フライホイール等のつり合い錘によって完全につり合いを取ることができ，振動源とならないようにすることができるが，往復運動についてはその質量が慣性力として大きく，つり合いを取ることは難しい。（レシプロエンジンでは，バランスシャフトと呼ばれる技術が開発され，この不つり合いを少なくする考えはあるが，完全につり合いを取ることは困難であろう。）

　すなわち，上下運動のピストンエンジンではこの往復運動による不つり合いが残り，主軸受にこれに対抗する反力が働き，その大きさや方向が振動の発生要因となる。これは，低速域では慣性力も小さく，許容レベルにチューニングできるが，高速回転では慣性力が大きくなり，爆発トルクを上まわるため，エンジン振動がさらに大きくなり，回転上昇の制約を受けることになる。

　一方ロータリーエンジンは，この往復運動がないためつり合い錘で完全につり合いが取れ，低速から高速まで振動の少ない運転ができることになる。これがなめらかな高速回転を実現している原因であり，回転の上限に大きな余裕を持っている理由である。

　次にトルク変動について考えて見ると，6気筒レシプロピストンエンジンのトルク変動に近い特性を持つことになるのは前述のとおりで，そのためトルク変動が小さいからそれだけ振動が少ないことになるのである。

⑵　ロータリーエンジンの騒音

　一般にエンジン騒音はその発生源によって，機械音，燃焼音，吸排気音，その他補機類の作動音に分けられる。ロータリーエンジンが静かであると言われる特徴的なものとして，機械騒音，燃焼音がレシプロエンジンと異なるので，これらについて説明する。

　まず機械音について，最も異なるのは，ロータリーエンジンには吸排気の動弁機構がないことである。すなわちレシプロエンジンのバルブの作動音がまったくないこと，及びバルブを駆動するためのチェーン（タイミングベルト，ギア等）がないことによって騒音レベルが極端に低い。またレシプロエンジンはピストンが上下する時発生するピストンのスラップ音（ピストンが上下運動する時シリンダーとの間隙部で衝突する音）があるが，ロータリーエンジンの場合，ローターの横方向にかかる荷重の変化がほとんどないために，このスラップ音に相当する

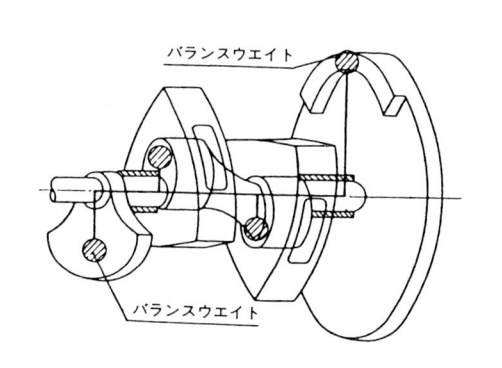

〔図1〕　バランス機構

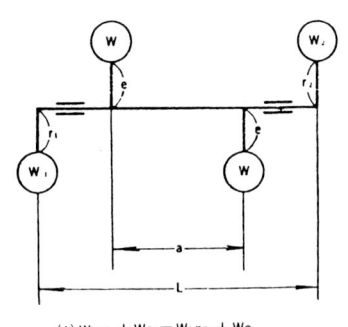

(1) $W_1 r_1 + We = W_2 r_2 + We$
(2) $L(W_1 r_1 + W_2 r_2) = a(We + We)$

〔図2〕
2ローターエンジンのつり合い条件

ものがない。

　ロータリーエンジンの機械音の主なものは，ローターの回転を制御するロータ
ーギアと固定ギア（サイドハウジングに取付けられているギア）のかみ合いによる
音，オイルポンプやディストリビューターを駆動するチェーンまたはギアの音が
あるが，これらは外部の補機類，ウォーターポンプ，ダイナモ，クーラー等の音
に比較し非常に小さく，問題とならないレベルである。

　次に燃焼音について見ると，ロータリーエンジンの作動室は偏平で表面積／容
積の比が大きく，これは燃焼速度を遅くする要因である。一方ロータリーエンジ
ンは圧縮上死点付近では作動室が短軸をはさんで，リーディング側（進み側）とト
レーリング側（遅れ側）に分れ，トレーリング側はまだ圧縮行程中であり，リーデ
ィング側は膨脹している。そこでトレーリング側からリーディング側へ向って強
いスキッシュ流が長時間にわたって発生する。このスキッシュ流は燃焼を早める
効果がある。

　この両者が相まって，ロータリーエンジン独特の燃焼形態を作り，レシプロエ
ンジンに比較すると，急激な圧力上昇がないため燃焼音が低い結果となっている。

　さらにロータリーエンジンは，エンジン外壁の剛性が高いこと，外部への放射
面積が少ないこと，そして水冷エンジンの場合は外壁全体がウォータージャケッ
トで覆われていることなど，音が外へ出にくい要素を持っている。こうして，ロ
ータリーエンジン本体の騒音レベルはレシプロエンジンに比較して，著しく低い

〔図3〕
ロータリーエンジンとレシプロエンジンの燃焼状態

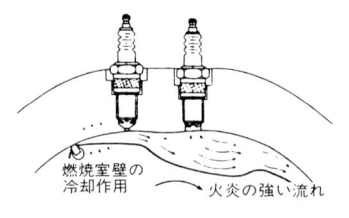

燃焼室壁の
冷却作用　　火炎の強い流れ

ロータリーエンジンの燃焼状態

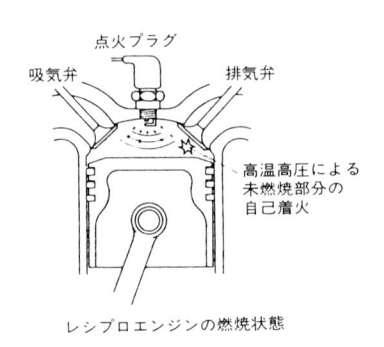

点火プラグ

吸気弁　　　　　　排気弁

高温高圧による
未燃焼部分の
自己着火

レシプロエンジンの燃焼状態

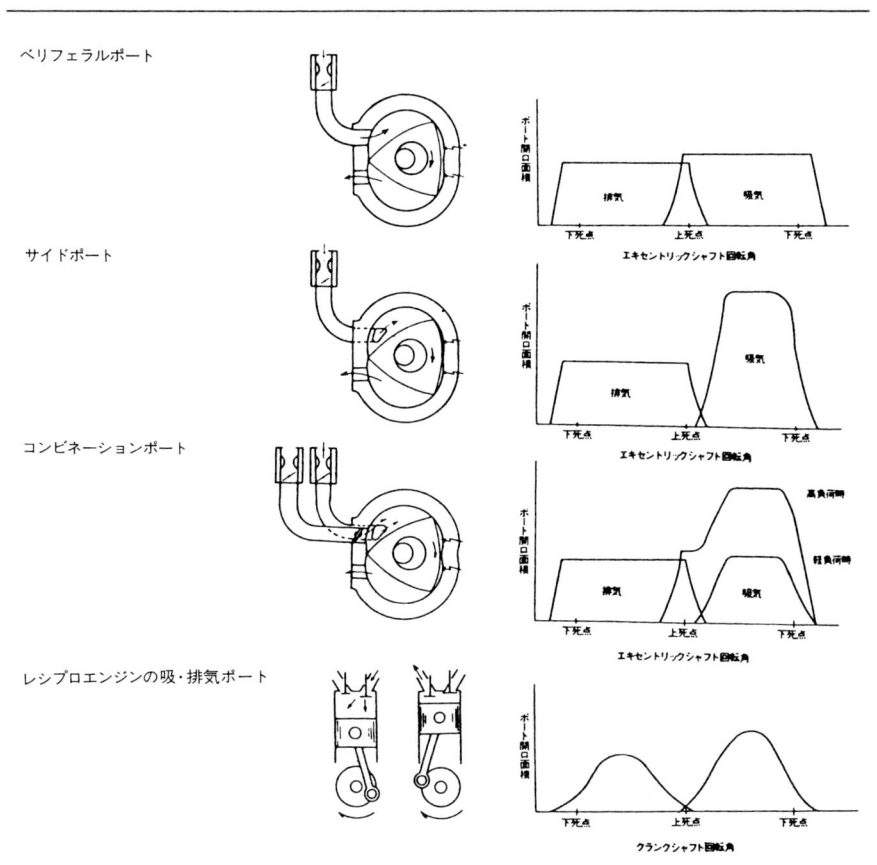

ペリフェラルポート

サイドポート

コンビネーションポート

レシプロエンジンの吸・排気ポート

レシプロエンジンでは、上死点から下死点までが出力軸角度で180°であるのに対し、ロータリーエンジンでは270°と長くなる.

〔図4〕　吸気方式と開口面積

特性を持っており，静かなエンジンとして評価されている。

(3)　なめらかな運転性

　ロータリーエンジンの吸気方式は大別して，ペリフェラルポート方式とサイドポート方式があることは前記した。基本的な特性の違いは，ペリフェラルポート

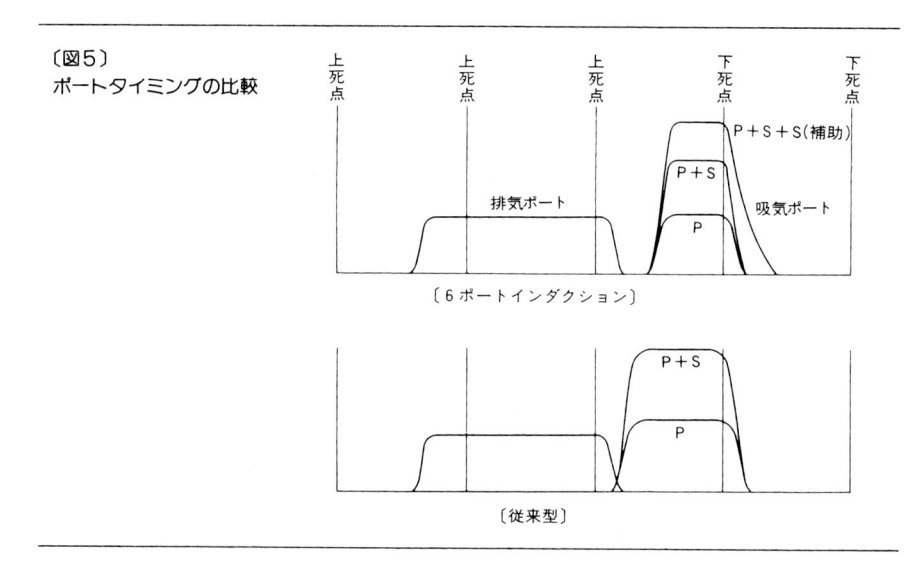

〔図5〕
ポートタイミングの比較

上死点　上死点　上死点　下死点　下死点

排気ポート

P＋S＋S（補助）
P＋S
P
吸気ポート

〔6ポートインダクション〕

P＋S
P

〔従来型〕

は高負荷時吸入効率が高く，高速回転，高出力が得られる反面，吸気中に排気ガスが混入しやすく混合気の性状が悪化し，燃焼が不安定となりやすい。一方サイドポート方式は，高速回転の出力はペリフェラルポートに劣るが，低速回転，軽負荷時でも安定した燃焼が得られる。

　こうした特性は車によって使い分けることが必要で，アウディ NSU 社では，スパイダー，Ro80 等にペリフェラルポートとオートマチックトランスミッションを組み合わせて採用しているが，東洋工業では，コスモスポーツ以来，市販車はすべてサイドポート方式を採用して低速回転域の運転性を容易なものにしている。これはヨーロッパと日本の道路事情や，ユーザーの好み（マニュアルトランスミッションが多い）等によっても影響されることであるが，ニューコスモの 6PI システムは，このサイドポートの特徴を生かしながら，高速出力を向上させる手法として注目されている。

　また，当時のレシプロエンジンでは考えられなかった，1気筒に2プラグ方式をコスモスポーツの時点から採用していることも，スムーズな運転性に役立っているといえよう。

(4)　パワフル（中高速の加速性能）

　ロータリーエンジンにかぎらず，中高速域の出力を高めるためには，吸気系の
チューニングが非常に重要であることは良く知られている。これはエンジンに"い
かに多くの混合気を吸入させ得るか"という技術であり，吸気系の抵抗，吸気系
の脈動波の利用，各気筒間の干渉等を調べ，各々の効果を生かしながら，マニホ
ールドの形状，長さ，キャブレターの方式等をチューニングする技術である。

　ロータリーエンジンの場合，動弁機構がないために吸気抵抗が低いこと，また
吸気行程時間が長いこと（レシプロエンジンは約 180° が 1 行程に対しロータリー
エンジンの場合は 270°）によって根本的に吸入効率を高めるには有利な条件とな
っている。とくに動弁機構がないこと及び 1 行程が長いことは多気筒の場合，他
の気筒との干渉も大きいことを意味するため，多ローターエンジンでは各気筒を
それぞれ独立した方式とし吸入効率を上げている。すなわち，集合型の吸気系で
は各気筒間のオーバーラップにより吸気終り時点の圧力を低下させ，充分な吸気
量を確保できない。これを独立型にすると，各気筒がそれぞれ脈動波，吸気の慣
性力を増長させ，吸気管径，長さ，曲り等をチューニングすることによって，吸
気終り時点の圧力を高めることができ，中高速の充填効率を著しく上昇させるこ
とができる。

〔図6〕　独立型吸気系

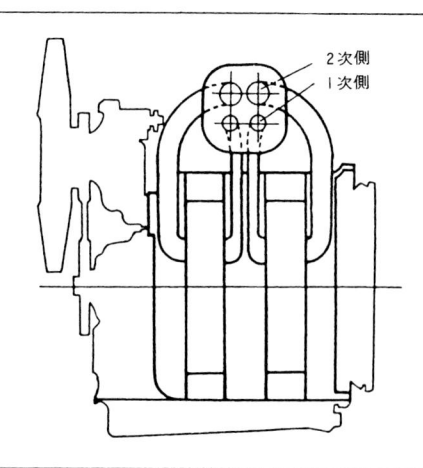

2次側
1次側

　こうした高性能型吸気系は完全独立型４バレルキャブレターによって実現しているのである。東洋工業の市販のロータリーエンジン車は全てこの方式が採用されている。

2.ドライビングとメンテナンス

⑴　ロータリー車のドライビング（楽しみ方）

　ロータリーエンジンは，レシプロエンジンと多くの違いがあるので，ロータリーエンジン搭載車は特別の操作が必要と考えている人がいないともかぎらない。しかし，基本的に自動車用として開発されたエンジンであり，現在レシプロエンジンを運転している人がそのまま操作できることが大前提であって特殊な運転技術や操作はまったく必要ないのはいうまでもない。むしろ，これまで説明してきたように，サイドポート，２ローター，２プラグ，４バレルキャブレター等を採用したロータリーエンジンは，トルクカーブが低速から高速までフラットであり，レシプロエンジンより使用回転域も広く，ゆとりのあるシフト操作が可能であるといえよう。

〔図7〕　サバンナRX7の性能曲線

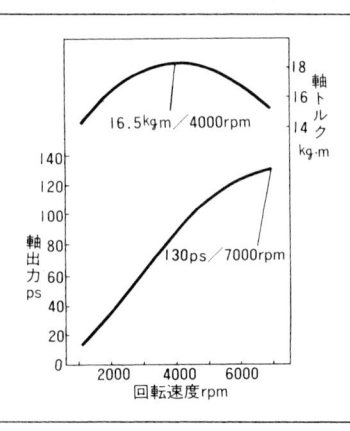

〔図8〕　集中ワーニング(サバンナRX7)

　注意すべき点としてあげるとすれば，エンジンが静かで高回転の頭打ち感がないため，オーバーレブ(過回転)をしがちであるということである。一般に(現在市販の)ロータリーエンジンのレッドゾーンは7000rpmに設定してあるが，このような高い回転数を常用する必要はなく3000〜4000rpm付近を使用すれば，通常の走行では充分ロータリーフィーリングを満喫することができるトルク特性を持っている。いたずらに高回転域を使用することは，燃費性能が悪化し好ましいことではない。

　また中速域の定常走行においても，ロータリーエンジンは比較的静かであり，エンジン音と車速感が一致せず，とくに高速道路ではついオーバースピードになることがあり得る。これも注意すべきことであろう。その意味では一段高いシフトを使って，オーディオでも聞きながら余裕のある安定した走行が，本当のロータリーフィーリングの楽しみ方といえよう。

(2)　**ロータリー車のメンテナンス**

　メンテナンスという点でも特別な扱いは不要である。ただし最近ではユーザーが朝夕，車のボンネットを開けて，水，オイル，バッテリー状態等を点検することが少なくなり，燃料補給時に点検する程度である。そこで，ロータリーエンジン車では多くのレシプロ車に先がけて各種の警報装置を採用している。ここでは，ロータリーエンジン車に装備されている警報装置について紹介しよう。

　①クーラントレベルセンサー

　これは電極式のレベルセンサーでラジエターのアッパータンクのキャップ横に

〔図9〕
クーラントレベルワーニングシステム

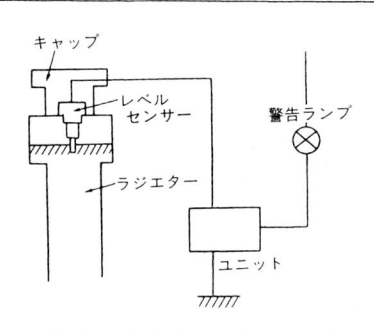

〔図10〕
オイルレベルワーニングシステム
（フロート方式）

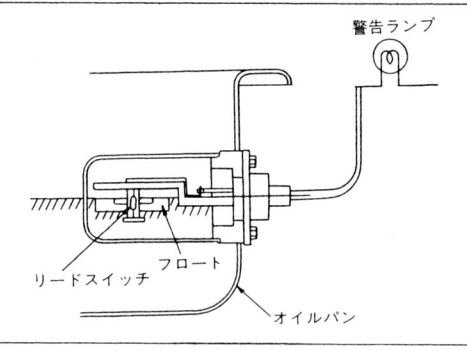

取付けられている。

作動の原理は，冷却水の電導性を利用し，常時電流をかけておき，減水すると
センサーの先端が冷却水から露出して電導がなくなり，抵抗が増大することを検
知し，ランプ点灯やブザーを作動させる方式である。

この方式の特徴は，小型で簡単な構造で信頼性が高く，断芯チェック回路によ
り，ハーネス類やカプラーのはずれ等を検出できることである。また加減速時の
水の移動による誤点灯は，電極の長さを選定することとタイムラグを回路上に設
けることで防止することができる。

②オイルレベルセンサー

オイルの減少を検知する方法は，前項の冷却水と違って電導性がないため，図
のようなフロート式が開発され採用されている。

オイルパンの中はエンジン始動直後は油面が下がり，また急加速，急減速，ブレ

ーキ，旋回によって油面が変動するため，オイルパンの中にさらにオイルチャンバーを設けて，オイルの出入口を適正に設定することで安定した油面を保ち，実際にオイルが減少した時にだけ作動するように考えてある。この作動原理は，マグネット内蔵のフロートがオイルレベル上に浮いており，オイルレベルが下がることによってフロートが下がり，リードスイッチを作動させてランプを点灯させ

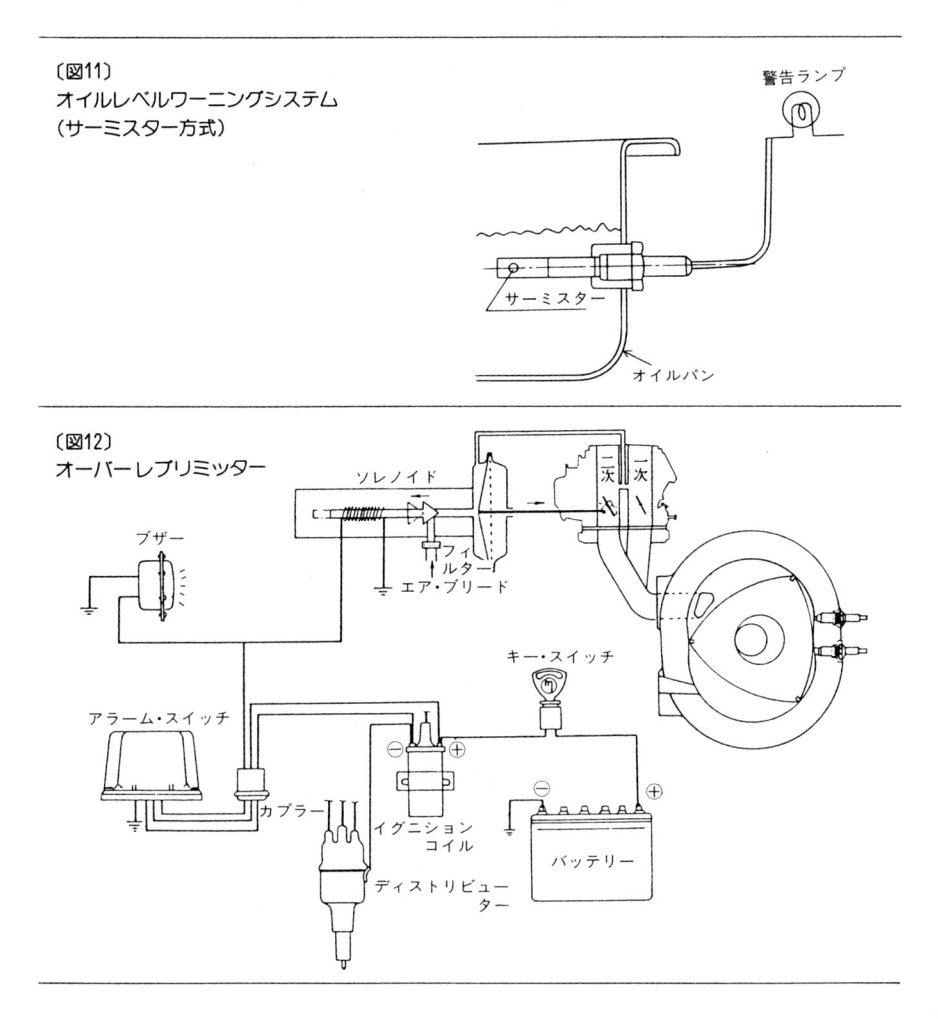

〔図11〕
オイルレベルワーニングシステム
（サーミスター方式）

警告ランプ

サーミスター

オイルパン

〔図12〕
オーバーレブリミッター

ソレノイド

二次　一次

フィルター
エア・ブリード

ブザー

キー・スイッチ

アラーム・スイッチ

カプラー

イグニション
コイル

ディストリビューター

バッテリー

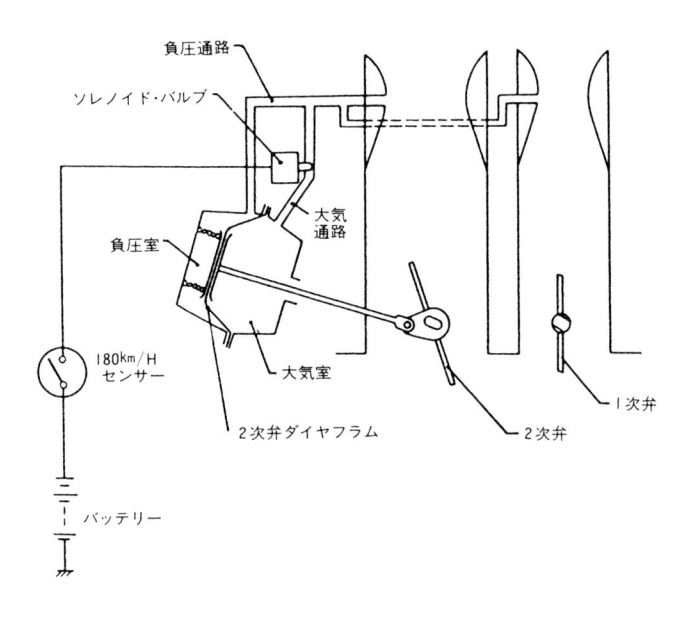

〔図13〕 マックススピードリミッター

〔図14〕
電圧計内蔵タコメーター
（サバンナRX7）

るものである。ロータリーエンジンにかぎらず，オイル不足による運転はエンジンに与えるダメージが大きいため，この警報装置は非常に信頼性の高いものとなっている。

　この他にもサーミスターの自己発熱と，オイルへの放熱の有無によって生じる温度の変化(抵抗の変化)を利用し，この電流値の変化をコイルの磁力変化に変換してリードスイッチを作動させるサーミスター式レベルセンサーもある。

　③オーバーレブリミッター及びマックススピードリミッター

　ロータリーエンジンは比較的静かなために，思わず過回転することが多くあり，これを防止するために，7000rpm 以上に達するとイグニッションパルス(点火信号)を検知して，ブザーを作動させると同時に 2 次弁を閉じるオーバーレブリミッターがあるが，これはロータリーエンジンが市場に導入された初期の車（コスモスポーツ，ファミリアロータリー等）に装備されている。

　最近は国内の最高速 180km/h 制限があるため，180km/h を検知する車速センサーによりキャブレターの 2 次弁を閉じる，マックススピードリミッターが採用されている。

　④バッテリー電圧計

　これも従前に比較しユーザー（ドライバー）がバッテリーを点検することが少なくなっているのに対して，一方では排出ガス浄化装置や，燃費性能，商品性向上等を目的に，コンピューター制御や各種のモーター類が装備され，バッテリーの充電状態の重要度が高くなっている。こうした最新技術を早期に導入したロータリーエンジン搭載車はとくにその重要性が高く，回転計とバッテリー電圧計を組み合わせたコンビ型計器が採用されている。これは始動前に IG キーをIgの位置に回転させるとバッテリー電圧が回転計の中央部に表示される方式となっている。

　こうした各種の警報装置類は最近ではレシプロ各車にも装備されているが，ロータリーエンジン車は早くから採用し，エンジンの保善につとめているのである。

第7章
ロータリーエンジンの
チューニング

ロータリーエンジンはレシプロエンジンにくらべて比較的簡単にチューニングができる。この章ではロータリーエンジン独特のチューニング技術について述べたい。ここで述べるチューニング技術は，日本においてはあくまで，公道以外で行なわれるサーキットレース，ラリー用，あるいは海外のラリーに適用されるものである。これらの技術の相談は，マツダスポーツコーナーで応じている。さらに，東洋工業のロータリーエンジン搭載レーシングカーの，世界の檜舞台および日本の代表的レースでの活躍をふり返ってみることによって，ロータリー車のポテンシャルの高さを理解してもらいたい。

1. 吸排気系のチューニング

エンジンの出力は

$$He= \frac{Pe. Vh. N}{450} \quad \text{あるいは} \quad He= \frac{Te \times N}{716}$$

He：出力，PS　　　　　　　N：エンジン回転数

Pe：平均有効圧力　　　　　Te：軸トルク

Vh：排気量

で表わす事ができる。ポイントは，Te(軸トルク)言いかえれば，Pe(平均有効圧力)を高めるために，大量の混合気を吸入し効率良く燃焼することと，エンジン自体の回転許容限界を高めることの2項目にある。同時に忘れてならないのは，パワーアップされたエンジンは，高負荷，高回転に耐えうる耐久性，信頼性を有することである。

(1) サイドポート方式

吸気系のチューニングは，大量の混合気を吸入するために最も効果的な所である。まず吸気抵抗をできるだけ少なくすることから始めると，インレットポート及びインレットマニホールド内面の鋳肌面をピカピカに磨くことが基本的なものである。ハンドグラインダーにペーパーを巻きつけ，鋳肌面の凸凹をなくし，なめらかな金属面にすることで，2〜3%のパワーアップが可能となる。

(2) ブリッジポート

このチューニングを施すと量産車としての機能がなくなり，アイドリング不調や，公害対策の機能が円滑に作用しなくなるので公道を走行することができなくなる。つまり，ブリッジポートはすでにレース用の手法なのである。ブリッジポートは，量産用のサイドポートでは不充分なポートタイミング及びポートの開口面積をさらに拡大するサイドポート方式で最高のチューニング技術である。

　図1に示すように，量産用のサイドポートのインレットクローズ側を拡大する。そして吸気タイミングで言うと ABDC40°から 60° まで拡大することになる。この時，サイドハウジングの余肉が少ししかないので削り過ぎには充分注意することが大切である。次にインレットオープン側を拡大する訳だが，このインレットオープン側は少々面倒である。サイドハウジング面をしゅう動するコーナーシールとサイドシールの当り面を確保する必要があるからである。このコーナーシ

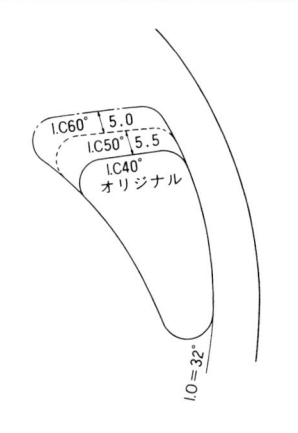

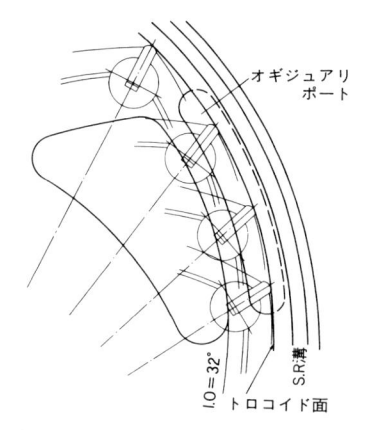

〔図1〕　サイドインレットポートの拡大　　　〔図2〕　サイドポート上のシール

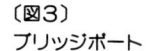

〔図3〕
ブリッジポート

ールとサイドシールのしゅう動する面を切り取ると一瞬にしてエンジンが破損するので加工寸法は注意する必要がある。ちょうど量産仕様サイドポートのインレットオープン側より 4〜5 mm間を残してその外側に 6 mmの穴をあけオギジュアリポートを設ける。そして内面を丸くエッジを残さないように加工すればブリッジポートが完成する。ブリッジポートはサイドポートの中央部に橋のようにしゅう動面が残る所から生まれた名称なのである。

　このブリッジポートによって，出力は先のポート磨きに続き 20〜25 馬力向上する。さらに，後述するウェーバーキャブレター，集合式の排気系，その他を組み合わすことによって，12 A 型で 230ps/8500rpm の最高出力を誇るレーシングエンジンに生まれ変わる。しかし，ブリッジポートにすると，2 分割アペックスシールのサイドピースが穴に落ちることになり，アペックスシールを一体型に変える必要がある。

(3)　セミインナーコンビポート

　ブリッジポート仕様をベースにさらに改造を加え，吸気ポートをローターハウジング側に連続させたのが，セミインナーコンビポートである。図 4 のようにオギジュアリポートのローターハウジングにぶつかる面を面取りするように追加工する。さらにシーリングラバーのインナーを切り，ローターハウジング側のポー

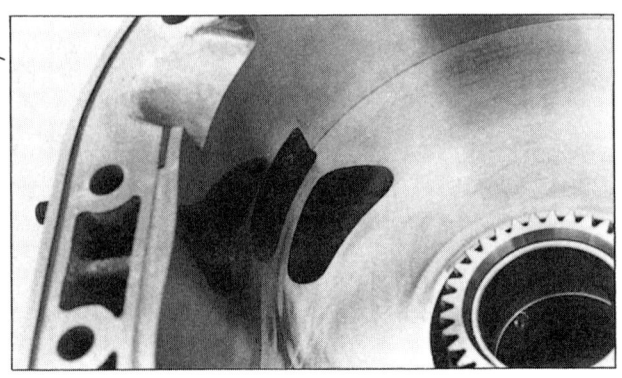

〔図4〕
セミインナーコンビポート

〔図5〕
ペリフェラルポート

ト面積を拡大することもできる。この仕様は，シーリングラバーを切り取るため合わせ面からの水洩れが問題で，液状パッキン等を使いシールを完全にすることがポイントになる。この仕様にするとブリッジポートより3〜5％のパワーアップが可能となる。

(4)　ペリフェラルポート

　吸気系のチューニングの最高峰はペリフェラルポート方式である。ペリフェラルポートは，サイドポートでは混合気がサイドハウジングから曲がってエンジンに吸入されるのに対し，ローターハウジングからダイレクトにしかも，なめらかに吸入されるため，ロータリーエンジンの吸気系で最も吸入効率の高い方式である。

　ペリフェラルポート方式によって最高出力は13B型エンジンで，285馬力までチューニングすることができる。

(5)　ポートタイミングの選定

　次にやらなければいけないのが，ポートタイミング（吸・排気時期）の選定である。これは，レシプロエンジンのカムシャフトがチューニングのポイントであ

るように，ロータリーエンジンにおいても重要なチューニング個所といえる。

　ポートタイミングの選定をするために知っておかなければならないことは，インレットポートのオープン，クローズタイミング，エキゾーストポートのオープン，クローズタイミングとオーバーラップ（インレットポートとエキゾーストポートが同時に開口している期間）の関係である。まずインレットオープンのタイミングを早くすると，エンジンは低速から高速域の全域のパワーアップが図れる。混合気を吸入する時間が増し，充填効率を上げることが可能になるからである。

　次にインレットクローズのタイミングを早くするとエンジンのトルク特性は低速型へ，遅くすると高速型に変えることができる。しかしながら，低速型にすれば高速での出力が犠牲になり，逆に高速型にすると中低速のトルクが犠牲になる。エンジンとして有効なトルク特性を得るためには，適当な位置を探り決定する必要がある。

　インレットポートのタイミングは，非常にデリケートな所であり各種の実験によってその最も適当な所が見つけられてきた。その結果，現在では，

　　　サイドポート仕様　　IO＝BTDC100°　IC＝ABDC60°
　　　（ブリッジポート含む）
　　　ペリフェラル仕様　　IO＝BTDC100°　IC＝ABDC75°
　が採用されている。
　　同様に，エキゾーストポートのタイミングは
　　　EO＝BBDC71°〜75°
　　　EC＝ATDC65°
　が採用されている。

⑹　キャブレター
　キャブレターは吸気系のチューニングの中でも出力向上に大きく貢献する所である。キャブレターの選定に当っては次の点を注意することが大切である。
　①品質が安定している。
　②出力が出る（吸気抵抗が少ない）。

〔図6〕　ウェーバーキャブレター

	12 A	13 B
B X V	$\phi 48 \times \phi 43$	←
E T	F － 8	←
M J	230#	←
M A B	130#	120#
S J	80#	←
S A B	120#	
加速ノズル	$\phi 0.5$	←
針　弁	$\phi 3.0$	←
油　面	フロント・チャンバー 上面より19〜21mm	←

〔図7〕
ウェーバーキャブレターセッティング要領

〔図8〕
富士GCレースで活躍
する13B搭載のGCカー

③コーナリング時の燃料供給，耐オーバーフロー性能に優れている。

④耐久性がある。

　以上の4項目より，イタリア製のウェーバーキャブレターが選ばれた。現在使用しているウェーバーキャブレターの種類は，ダウンドラフトタイプの48IDA でボア径が 48 mmのものである。セッティングは，エンジンのチューニングの度合，たとえば，サイドポート仕様，ブリッジポート仕様，ペリフェラルポート仕様によっておのおの調整する事が大切である。図7に代表的なセッティング要領を示す。

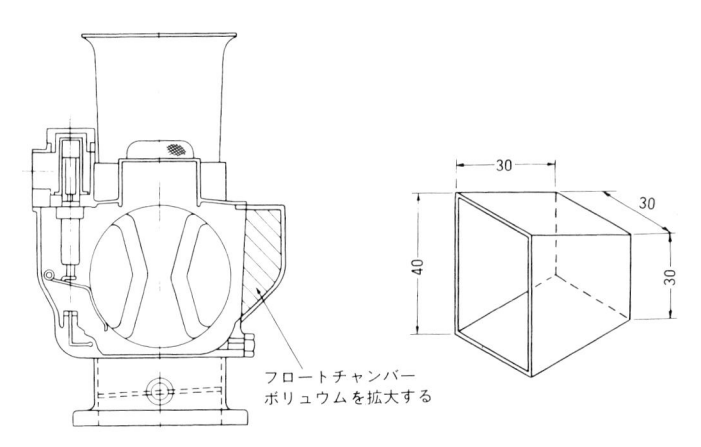

フロートチャンバー
ボリュウムを拡大する

〔図9〕 キャブレター燃料切れ対策

(7) キャブレターの燃料切れ対策

　日本の最高峰レースである富士グランチャンピオンシリーズでは 13B 型ロータリーエンジンを搭載した GC カーが活躍している。このレースではコーナリングの横 G が非常に高く，高性能を誇るウェーバーキャブレターでもコーナリング時の G によりフロートが片寄り，その結果，コーナーの立上がりにフロート室に燃料がうまく供給されないことによる燃料切れが時々発生する。

　この対策としては，図9に示すようにフロート室の容量を増すと同時に，左右の容積を対称にする追加工を施す事で対処し，キャブレター性能を向上させている。

(8) インレットマニホールド

　インレットマニホールドの形状は，吸気脈動，慣性過給効果を最大限に利用して充填効率を向上させる働きがある。内面の仕上げを怠らない事はもちろん，長さ，径，曲げ R 等の形状も重要なポイントになる。このため図 10, 11 に示すような，サイドポート用，ペリフェラルポート用が使用されている。

⑼　フューエル・インジェクション

　エンジンの高出力化のためには，キャブレター方式よりフューエルインジェクション方式が優れていることはよく知られている。一般にレース用としてのインジェクション方式は，量産車で採用されている EGI ではなく機械式のルーカス式，ボッシュ式が多く採用されている。ロータリー用のインジェクションとしては，コンパクトで取扱いが簡単なルーカス式が導入され，'80 年アメリカの IMSA シリーズ，'82 年から富士の GC シリーズに採用されている。

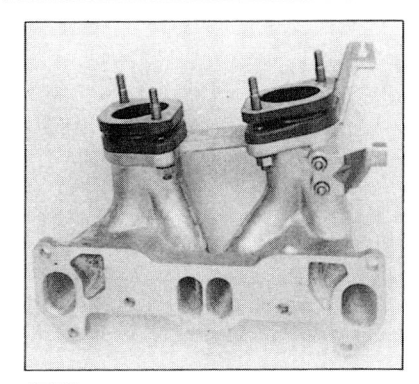

〔図10〕
サイドポート用インレットマニホールド

〔図11〕
ベリフェラルポート用インレットマニホールド

〔図12〕
ルーカス式フューエル・インジェクション

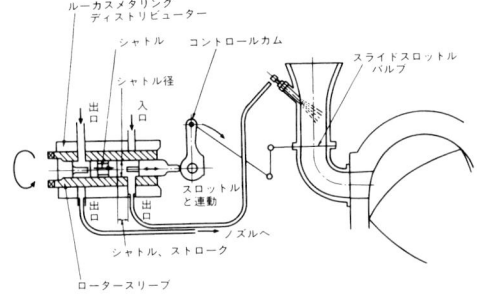

〔図13〕
フューエル・インジェクションシステム図

ⅰ）構造の概略

ルーカス式は，フューエルポンプにより 7kg/cm²まで圧力をかけた燃料を，エンジンの½の減速比でもって駆動されるメタリングディストリビューターによって，計量，分配され，スライドバルブのエアホーンに装着したインジェクションノズルからエンジン内に供給するものである。噴射量のコントロールは，スロットルバルブとリンクにより連動するコントロールカムによって計量され，エンジン回転数に比例して間欠噴射される。

ⅱ）性能

ルーカス式フューエルインジェクションによる性能は，キャブレター仕様に比較して約2％向上した。同時にコーナリング時の燃料切れが解消し，中速域のエンジンレスポンスが向上した。

⑩　排気系のチューニング

ロータリーエンジンのチューニングで，意外と忘れがちなのが排気系のチューニングである。排気圧力によるパワーロスはレシプロエンジンより大きく，たとえば，量産の RX7 の排気管の抵抗を小さくすれば，最大 15％～20％のパワーアップが図れることになる。

もう一つ忘れてはならないのが，F，R 側の集合点長さの問題である。排気抵抗を下げるために，単にサイレンサーの抵抗を下げるとか，大口径の排気管を使用するだけでは不充分である。排気脈動効果を有効に引きだし，高い排気効率を得るためには，特定の形状が必要であり，とくに集合点までの長さは重要で，せっ

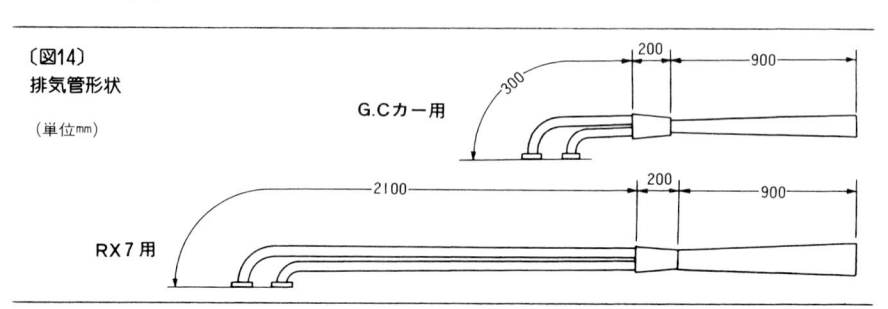

〔図14〕
排気管形状

（単位mm）

G.Cカー用

RX7用

〔図15〕
サイレンサー

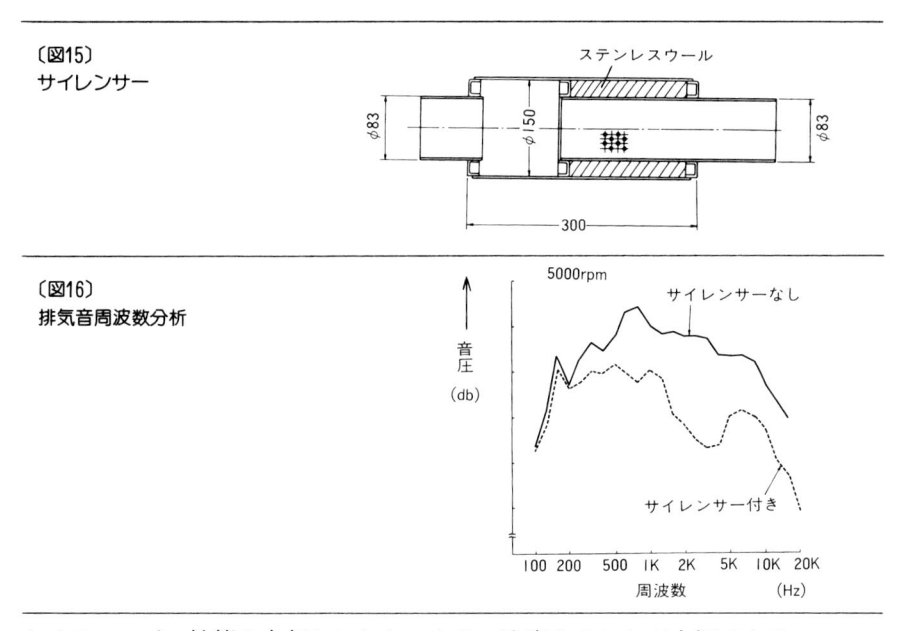

〔図16〕
排気音周波数分析

かくのエンジン性能を台無しにしないよう，注意することが大切である。

図14にその代表例を示す。

⑾　レーシングサイレンサー

'80年代になってからは，レーシングエンジンならではの排気音も，社会的な要請により静かさが要求されるようになった。ロータリーエンジンの排気音は排気バルブを持たないため，同等のレシプロエンジンよりは大きい。しかしながら排気音を小さくしようとすると，出力の低下をまぬがれないのが現状であり，とくに下記3項目を重点目標に開発が行なわれた。

　①出力低下を最小限におさえる。

　②十分な消音効果を有する。

　③コンパクトである。

　最終的にIR-4Aと称するレーシングサイレンサーを開発，'81富士GCシリーズのロータリー車から採用された。

IR-4A のレーシングサイレンサーを装着することにより，音圧レベルは全周波数域で低下し，とくに高周波数域の音圧が低下したため，かん高い耳につく音が消え，まろやかな聞きやすい音質に改良された。また，出力低下も 3%以内におさえられている。

2. 燃焼室及びアペックスシール他

(1) 燃焼室形状

同じ圧縮比でも燃焼室形状によって性能が変わる。それは，レシプロエンジンでも半球型，ペントルーフ型，ウェッジ型等の燃焼室形状によって性能が変わることと同じものである。図17 に各種の燃焼室形状を示す。これらの差は高出力という点でみると，

①メインマスは MDR のように中央にあるものがよく，LDR, TDR は好ましくない。

②形状はコンパクトなものがよく，LFR のようにフラットなものは高出力が得られない。

これらのテスト結果から，レース用の燃焼室形状は MDR が採用されている。

(2) アペックスシール

図18 に，レース用の 2 分割金属シールと一体型カーボンシールを示す。レース用に主に一体型カーボンシールが使用されるのは次の理由による。

①自己潤滑性のあるカーボンシールによって，高速高負荷時の潤滑条件が有利になっている。

②高速回転ではガスシール性能が多少劣っていても，性能的に十分許容できるので一体型が採用されている。

金属シールをレースエンジンに使用すると高速高負荷時，ローターハウジング

とのしゅう動面のオイル潤滑がむずかしく，オイルを多量に供給しないと，アペックスシールは摩耗と熱変形で折れてしまう。しかし，ポート給油システムを採用することで，十分にレースエンジンとして使用することができる。

⑶　シール合わせ

　アペックスシールを始めとするガスシールのシール合わせを適切に行なうことも高出力を得るために重要なことである。まずアペックスシールについては，ロ

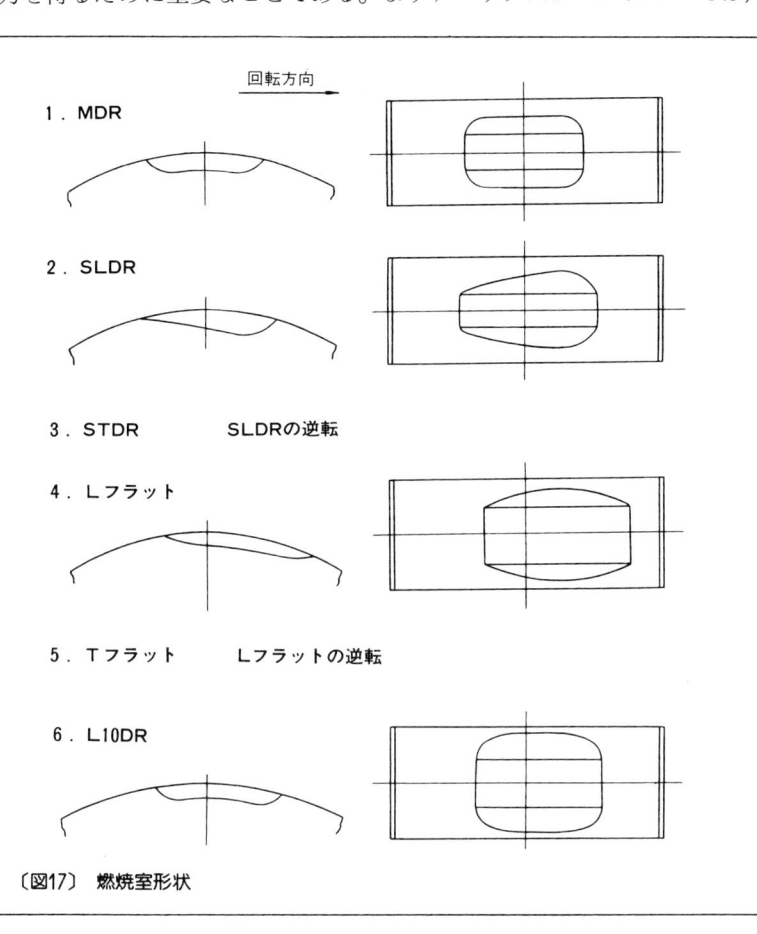

〔図17〕　燃焼室形状

〔図18〕
アペックスシール

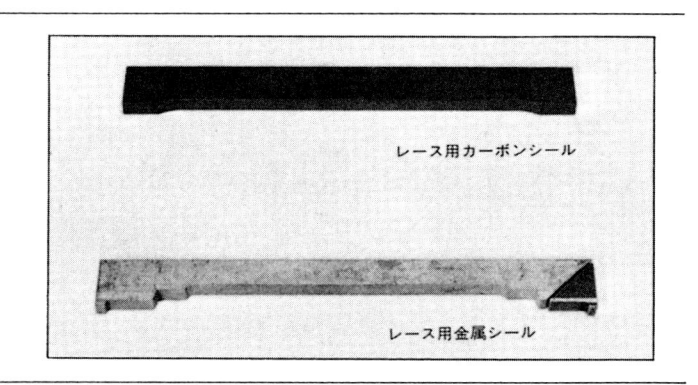

レース用カーボンシール

レース用金属シール

〔図19〕
シールクリアランス

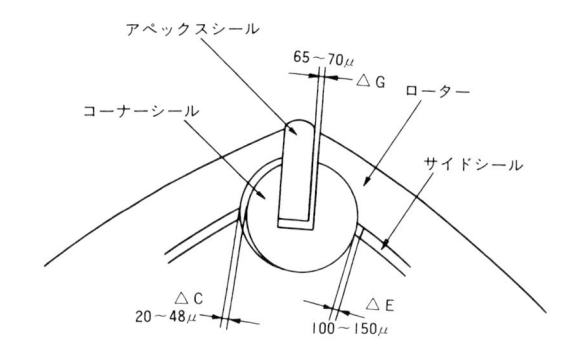

アペックスシール

65～70μ

△G

ローター

コーナーシール

サイドシール

△C
20～48μ

△E
100～150μ

ーターのアペックスシール溝との幅方向のスキマに ΔG がある。ΔG はアペックスシールとローターハウジングのしゅう動面のガスシール性能に影響を及ぼし，ΔG が狭いと ΔG からアペックスシールの底面に向って働く燃焼圧力が減り，ローターハウジング面とのシール力が低下し，アペックスシールのしゅう動面からガス洩れが発生する。この現象をスピックバックと呼んでいるが，スピックバックを起こすと極端な出力低下となってしまう。そこで，このスピックバックを発生しないようにするためには，ΔG を大きくしアペックスシールの底面に働くガス圧力を大きくすれば良いが，逆に大きくしすぎるとアペックスシールスプリングが高温ガスによってヘタることになる。つまり ΔG は，スピックバックが発生しない

くらい大きくて，同時にスプリングがヘタらないよう小さいクリアランスを要求している。数多くのテストにより，ΔG は 65μ から 70μ にすれば良く，レース用エンジンは全てこのクリアランスに調整されている。

　次にアペックスシールの長さとローターハウジングの幅のスキマ ΔS がある。ΔS は，大き過ぎるとガス洩れ面積が増えコンプレッション圧力の低下を来たすことになり，始動性不良，出力低下となる。逆に小さ過ぎると運転中，高温ガスによって長さ方向にアペックスシールが延びるため，サイドハウジングに接触し，引っかきを起こし逆にシール機能を著しく低下させることになる。そこで ΔS については，$100\sim110\mu$ くらいに調整しておけば良いことが確認されている。

　その他にサイドシールとコーナーシールのスキマ ΔE, コーナーシール穴とコーナーシール径の ΔC があり図 19 のように調整されている。富士GC 用のエンジンは，オーバーホールのたびにこれらのシールクリアランスが一品一品調整されており，レースエンジンの性能が維持されている。

3.点火装置他

　エンジンの高出力化に伴い，点火装置もそれに見合うようにチューニングする必要がある。それは，エンジンに吸入する混合気の量が増えたことで，高回転時における確実な点火エネルギーを供給する必要があるからである。

(1)　ディストリビューター
　高速回転（9000rpm 以上）での点火タイミングを正確に作動させるため，ポイントのないフルトランジスター方式である。量産仕様では，ブースト，回転数の進角装置が内蔵されているが，レース用ではこれらは一切使用していない。そして，トレーリング側とリーディング側の点火タイミングは同時点火で，量産仕様のようにリーディング側が先行して点火する方式と異なっている。これの説明は

〔図20〕
イグナイター

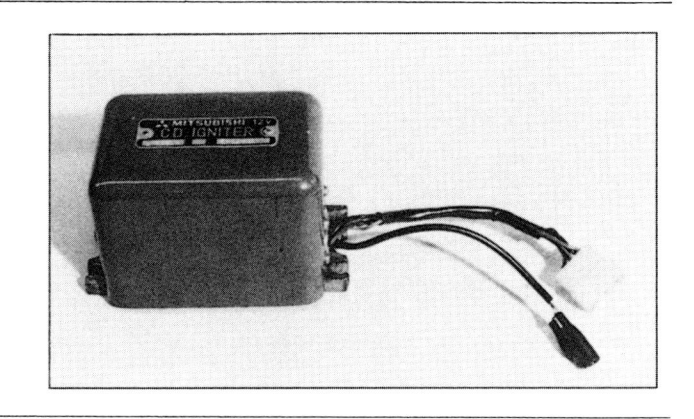

進角と出力特性の項で述べる。

(2) イグナイター

　CDI（コンデンサー・ディスチャージ・イグニッション）方式が採用されている。量産仕様の HEI 方式よりさらに強力な2次電圧を発生させることができ，日産，三菱のレース用と同じものである。ロータリーエンジンは，1ローター当り，リーディング側，トレーリング側の2本のスパークプラグを使用するため，イグナイターは2個使用する。

(3) スパークプラグ

　出力の向上に伴い，スパークプラグの選定も非常に大切なチューニング個所である。ロータリーエンジンのスパークプラグは，レシプロエンジンのように吸入した混合気で冷却されることがなく，常に高温ガスにさらされていることになり，レシプロエンジンに比べて非常にきびしい熱価が要求される。

　現在，レース用スパークプラグは，図21に示す2種類が採用されており，とくにスプリントレースでは沿面タイプの T813，耐久レースでは V タイプの R4468 が使いわけられている。つまり，富士 GC レースでは沿面タイプ，デイトナ，ルマン等の耐久レースでは V タイプが使用されている。

(4)　点火時期と出力特性

　ノッキング等，異常燃焼が発生しない範囲で点火時期を進めてやると出力が向上することは良く知られている。レース用のエンジンでも同様の事がいえる。量産エンジンではまずリーディング側が点火し，次にトレーリング側が点火するようになっているが，レース用の場合はトレーリング，リーディング側プラグは同時に点火するようになっている。これは図 22 の点火時期と出力の関係が示すように，リーディング側プラグ 10°先行点火と，トレーリング，リーディング側同時点

〔図21〕スパークプラグ　　　　　　　Ｖタイプ　　　　　　　　　　　　　　沿面タイプ

〔図22〕
点火時期と出力

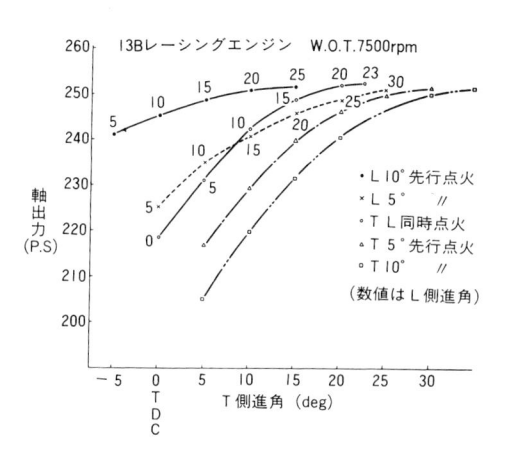

13Bレーシングエンジン　W.O.T.7500rpm

・Ｌ10°先行点火
×Ｌ5°　〃
◦ＴＬ同時点火
△Ｔ5°先行点火
◦Ｔ10°　〃

（数値はＬ側進角）

軸出力（P.S）

Ｔ側進角（deg）
ＴＤＣ

火を比較して，同時点火でも適当な点火時期を与えれば，全く同等の出力を得ることができるからである。つまりレース用では点火装置システムの単純化のため，同時点火が採用されている。

　次に進角装置であるが，量産エンジンでは，ディストリビューターの中に遠心進角及びブースト進角装置が内蔵されているが，レース用ではこれらの進角装置は一切使用していない。それはレースエンジンの有効使用回転数は，量産エンジンよりも狭く，回転数及びブーストによる要求進角が少ないからである。同時にシステムの複雑さをさけることもその理由の一つとなっている。現在,富士GCレースで活躍している 13B エンジンは，BTDC（上死点前）20〜25°が採用されている。

(5)　ドライサンプシステム

　ドライサンプシステムは，レーシングエンジンにとって必須条件といえる。ロータリーエンジンでも,富士GCカーの搭載に際してドライサンプシステムが開発された。

フロントカバー内蔵式 　　　　　　　　　　　　　外部取付け式

〔図23〕ドライサンプシステム

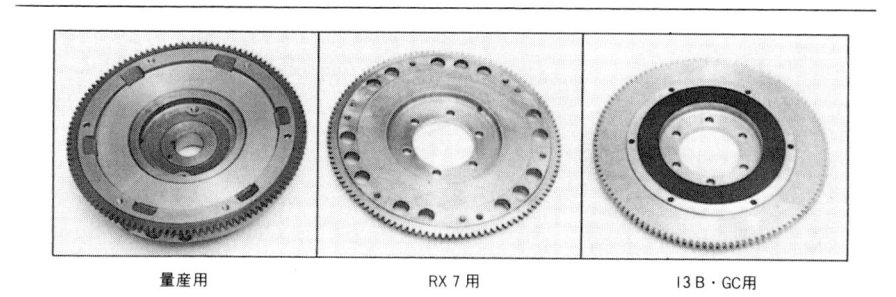

量産用　　　　　　　RX7用　　　　　　　13B・GC用

〔図24〕　フライホイール

　現在，13B スポーツキットに採用されているものは，外部取付け式で量産仕様のトロコイド式オイルポンプである。その後 GC カーが 2 シーターから 1 シーターへ移行したことや，外部取付け式ではロータリーエンジンのコンパクトさに欠けるとか，サービス性，信頼性等の向上を図るため，ニュータイプのドライサンプシステムが開発された。'81年からフロントカバーにオイルポンプを内蔵してコンパクト化を図り，ポンプ形式も高速時の流量アップのため，トロコイド式からギア式に変更された。

⑹　フライホイール

　加減速時のエンジンレスポンスを良くする方法として，フライホイールの軽量化がある。本来フライホイールは，エンジンのトルク変動を吸収し，とくに低回転域でのねばりを維持するものとして相当の重量が取付けられている。量産車としてはこのねばりが非常に大切であるが，レース用となるとかえってエンジンの立上がり加速を悪化させ，レスポンスが悪くなる。

　量産品が鋳鉄製の 10.5kg に対し，RX7 スポーツキットではスチールの削出しで 4.5kg，さらに 13B・GC 用では，クラッチとのしゅう動面に特殊処理を施した，アルミニウム製で 1.8kg の超軽量化品が採用され，エンジンレスポンスの向上が図られている。

4.さらにパワーアップするために

　'82年よりFIAの車両規約が変更され，レースはグループC(プロトタイプのレーシングカー)，ラリーはグループB(1年200台生産の限定生産車)によって競われることになった。現状のロータリーエンジンは，量産仕様の130psからレース用の300psまでのバリエーションを持っているが，今後のモータースポーツ活動を考えるとハイパワーエンジンが必要である。その手法として，レーシングターボと排気量アップ(単室ボリュウムアップ，多ローター)が考えられる。

(1)　レーシングロータリーターボ

　近年，ターボ技術の躍進はめざましく各メーカーとも量産車のターボ化は著しいものがある。レーシングターボもデイトナ，ルマン等の世界的イベントにおいて上位を独占している。ロータリーターボも今後パワーアップの一つの手法といえる。

(2)　排気量アップ

　現在12A型(573cc×2)，13B型(654cc×2)の2種類を生産しているが，単純にいえば排気量を増せばそれにつれて出力も向上させることが可能となる。たとえば13B型のローターハウジング幅を80mmから90mmにすれば，単室容積は654ccから736ccとなり，レーシングエンジンとしては計算上300ps→340psにできることになる。また，単室容積をそのままにし，現在の2ローターを3ローター，4ローターにすれば，出力は単純にいうと，300ps→450ps→600psにできることになる。反面，エンジンが大きく重くなること，また，それらを実現するためには技術的な問題もいくつかあることから，実用化はされていない。しかしながら，ロータリーターボと同様，多ローターエンジンも今後パワーアップの一つの手法として充分考えられる。

5. モータースポーツ活動

　1967 年 5 月, 技術革新の結晶である世界初の 2 ローターロータリーエンジン搭載車コスモスポーツを発売して以来, ロータリーエンジンは, レース活動と密接な関係を持つことになった。

　生まれて間もないロータリーエンジンは, 自動車用エンジンとして極めて有効かつ適切であり, 充分な耐久信頼性を有していることを実証すること, そして走る実験室として量産エンジンの先行技術開発を行なう必要があった。そのためには自動車レースに参加し好成績を上げることが有効であると考え, 量産エンジンと併行して早くからレース用エンジンが準備された。ここでは, コスモスポーツに始まり, 現在の RX7 に至るロータリーエンジンのモータースポーツ活動について紹介しよう。

(1)　コスモスポーツ, マラソンにデビュー

　コスモスポーツは, 量産された翌年, 68 年 8 月 21〜24 日, 50 年の歴史をもつマラソン・デ・ラ・ルート (ニュールブルクリンク 84 時間耐久レース) に挑戦し

〔図25〕　マラソンレースのコスモスポーツ

〔図26〕
'68レース用10Ａエンジン

　た。当時レース経験の全くないマツダにとって，いきなり世界トップクラスの耐久レースに挑戦することは大きな賭けであった。しかも，耐久レース中最も長い84時間レースである。67年5月に市販されたコスモは，レース出場までの1年間，広島・三次テストコースで耐久テストが繰り返され，その持てる力を十二分に発揮できることが確認されていた。

　当時コスモに搭載された491cc×2の10A型ロータリーエンジンは，量産仕様のサイドポート110psからコンビポートにより130psにチューンアップされた。ドライバーは，古賀信生／片山義美／片倉正美の日本組と，デルニエール／デュプレ／アッカーマンの外人組が，2台のコスモを操り，ポルシェ，ランチャ，BMW等，ヨーロッパの強豪を相手に激しい戦いを演じたのである。

　ゴール1時間前，日本組のコスモは，リアのドライブシャフトの切損で惜しくもリタイアしたものの，外人組のコスモは84時間を走りきり，初陣ながら総合4位入賞というすばらしい成績を上げ，世界中にロータリーエンジンの高速性能と，その耐久性の高さを実証した。同時にこのレースで，ロータリーエンジンの開発に自信と希望を与えたことも大きな収穫の一つであった。

〔図27〕
ファミリアロータリークーペ(R100)
に搭載されたレース用10Aエンジン

(2)　ファミリアロータリークーペ

　翌'69年，今度はファミリアロータリークーペがレースに登場した。'68年7月に量産されたロータリークーペも，コスモ同様翌年のレースに参加したことになる。まず'69年4月，シンガポールグランプリのサルーンカーレースで総合優勝したのを皮切りに，同年7月，当時のツーリングカーレースの最高峰，スパフランコルシャン24時間レース，ニュールブルクリンク84時間耐久レースといった長距離耐久レースに挑戦した。ロータリークーペは，コスモと同じ10A型(491cc×2)エンジンを搭載したが，出力はコスモの130psから，ペリフェラルポート，ウェーバーキャブによって180psまでチューニングされていた。そして，スパフランコルシャン24時間レースでは，4台のポルシェに続き5位，6位に入賞，ニュールブルクリンク84時間レースでは総合5位に入賞した。このように，コスモからロータリークーペに車種変更したものの，ロータリーエンジンの海外レースにおける活躍は，ロータリーエンジンの普及と，走る実験室として量産エンジンの育成に貢献していったのである。

〔図28〕
'70スパフランコルシャン
24時間レースで力走する
ロータリークーペ

(3) ルマン初挑戦

'68年から始まったヨーロッパ遠征も3度目の'70年を迎え，イギリスのRACツーリストトロフィ，西ドイツのツーリンググランプリ，ベルギーのスパフランコルシャン24時間レースに挑戦した。RACトロフィでは8位入賞，西ドイツでは4位，5位，6位に入賞，最後のスパでは5位入賞とヨーロッパの強豪の中で常に上位入賞を達成していた。

この頃になると，現地のプライベートチームの活躍も活発になり，とくにイギリスのプライベートチームによって，ロータリーエンジンはロータリークーペから2シーターのスポーツカーへ搭載されるようになった。シェブロンB16によって，ロータリーが初めてルマン24時間レースに挑戦したのもこの年であった。結果はリタイアに終ったものの，日本のエンジンがルマンを走ったのはロータリーエンジンが最初であったことを特記しておきたい。

⑷　ロータリークーペからカペラへ

一方，国内レースにおいても'69 年 11 月の全日本鈴鹿自動車レースにロータリークーペが登場した。そして'70 年，ロータリークーペは当時のスカイライン 2000GTR と激しくぶつかり合い，日産対マツダの対決が始まった。しかしながら，ロータ

〔図29〕
'70ルマン出場のシェブロンB16

〔図30〕
カペラ用12Aエンジン

リークーペの 10A 型の出力は当時 200ps で, スカ G の大パワーには勝てず苦戦を しいられたのが実状であった。

翌年'71 年になると, ロータリーエンジンのペリフェラルポートが禁止され, ロータリークーペは戦闘力ダウンを余儀なくされ, 次期車種カペラへとバトンタッチされた。カペラにはロータリークーペの 10A 型より大きい 12A 型 (573cc×2) エンジンが搭載され, サイドポートながら 225ps を発生, 8 月に行なわれた富士 GC3 戦のツーリングカーレースで, スカ G をおさえて優勝したのである。しかしこのレースにはワークスのスカ G は不在であり, 事実上は, 真にスカ G を破ったことにはならなかった。

(5) サバンナ RX3, 100勝 !!

'71 年 12 月富士ツーリストトロフィレースでは, 日産勢がスカ G の 50 勝を期してワークス車を参加させたのに対し, マツダは次期主力車種サバンナ RX3 に, 12A 型サイドポートで 230ps エンジンを搭載, ボディも軽量化を行ない, スカ G と対決した。結果は, スカ G の 50 勝にストップをかけると同時に, ツーリングカーの王者の名をスカ G からサバンナにぬりかえる大勝利をおさめることができた。

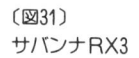
〔図31〕
サバンナRX3

〔図32〕
サバンナRX3

〔図33〕
'77年5月全日本
富士1000km

　それからのサバンナRX3は，翌年'72年5月の日本グランプリレースにおいて，スカGの連勝を完全にストップさせることにより，破竹の快進撃を続けることになった。'73年から4年間連続の富士GCのシリーズチャンピオンに輝くと同時に，'76年5月のJAFグランプリレースでは通算100勝の大偉業を成しとげ，ツーリングカーの王者としてその名を残すことになったのである。

(6)　13B，富士GCに登場

　一方，ロータリーエンジンの最高出力，信頼性，耐久性の高さが年々向上して来たことは周知の事実になってきた。そのころ日本の最高峰レースは，富士GCレースで2シーター スポーツカーによって競われており，主力エンジンは，西独BMW

〔図34〕
13Bスポーツキットエンジン

の2ℓレーシングエンジンであった。当時スポーツキットとして市販していた12A型エンジンは2シータースポーツカーに搭載され，GCレースに出場するプライベートチームが徐々に増加する傾向を示していた。この頃になるとすでに量産車のルーチェに搭載されていた13B型エンジンを，GC用に使用したいという声も聞かれるようになっていた。

　そのような状況の中で，'77年から13B型ペリフェラルポート仕様エンジンをサーキットに送り出した。まず5月の全日本富士1000kmレースで，片山／従野組がマーチ75Sで初優勝した。続く6月の富士GC2戦では2位，9月のGC3戦では，ポールポジションをBMWに奪われたものの，赤と白にカラーリングされたマーチ76S/13Bは，従野孝司の手によって見事GC初優勝を達成したのである。

　明けて'78年には，13Bレーシングエンジンは市販化された。ペリフェラルポート，ウェーバーキャブによって285psにチューンされていた。それまで重心が高くコーナリング性能が問題だった点も，ドライサンプされたことにより重心が下げられ，GCカーにうまく搭載できるように改良されていた。当時BMWエンジンが450万〜500万円したのに対し，13Bは300万円と安く，シェアも'78年のGC1戦ではBMW14台，13B6台だったのに対し，GC5戦の最終戦ではBMW9台，13Bが9台と増していった。

　翌'79年は，まさにロータリーパワー躍進の年であった。ルーカス式インジェクションを装着した 13B は BMW 勢を完全に駆逐，GC 3 戦，4 戦でそれぞれ優勝し，後半は中嶋悟が 13B を搭載してシリーズチャンピオンを獲得した。

　しかし，'80 年は，BMW に対し 50kg のウェイトハンディと，インジェクションの禁止を課せられ苦しい戦いとなった。延べ 22 台出場した GC カーの内 13B は 17 台を占めたにもかかわらず，シリーズチャンピオンは BMW に奪われてしまった。さらに '81 年，50kg という過酷なウェイトハンディは解除されたものの，パワーダウンを余儀なくされたサイレンサー装着により 13B は，またしても苦しい戦いとなった。しかしこれらのハンディを乗りこえ，日本のレーシングエンジンとしてモータースポーツファンのために成長しているのである。

〔図35〕
13Bスポーツキットエンジン
主要部品

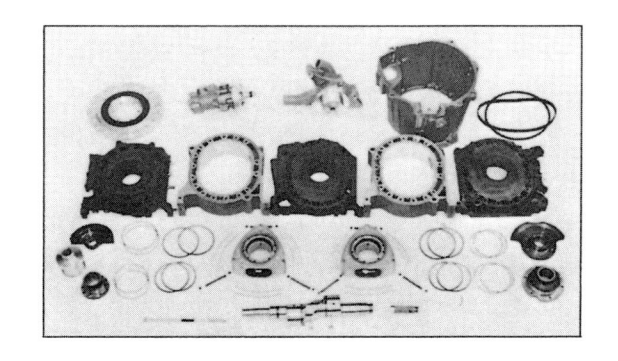

〔図36〕
GC初優勝の13Bエンジン
搭載車

(7) RX7デイトナを制す

　ロータリーエンジン専用車RX7の登場によって，マツダのモータースポーツは新たな飛躍の時期を迎えたといえる。RX7によって輝かしい記録と，世界的なスケールでの活動が行なわれるようになった。

　まず1979年アメリカで行なわれた第18回デイトナ24時間耐久レースにおいて，初陣のRX7は，総合5位，6位に入賞すると同時に，クラス優勝するという日本車で初の快挙をなしとげた。12Aペリフェラルポート260psを搭載したRX7は，強豪ポルシェ，ダットサンを相手にそのロータリーパワーを炸裂させ，見事な走りを披露したのである。

〔図37〕
'79デイトナ24時間
レースで疾走するRX7

〔図38〕
'80のレースにおける
RX7

〔図39〕
アメリカを舞台にした
ラリーに出場したとき
のRX7

〔図40〕
'81シルバーストーン
出場のRX7

　その後も，デイトナを緒戦とする IMSA シリーズで RX7 は活躍し，'80 年は 14 戦中 10 戦に優勝，翌 '81 年は 16 戦中 11 戦に優勝し 2 年連続のシリーズチャンピオン（マニファクチャラーズ及びドライバー）を獲得した。

　またアメリカにおける RX7 の活躍はレースばかりでなく，SCCA 主催のナショナル・プロラリーシリーズにおいても，'80，'81年の 2 年連続シリーズチャンピオンに輝いている。

(8)　世界の三大耐久レースに活躍する RX7

　RX7 の活躍はその後も目ざましいものがあり，アメリカを中心として，その活

〔図41〕
'81スパフランコルシャン
レースのスタート

〔図42〕
'81スパフランコルシャン
総合優勝のRX7

躍はヨーロッパ，オーストラリアにも及んでいる。イギリスのサルーンカーレースでは'80年，'81年と連続してシリーズチャンピオンを獲得し，ベルギーでも'81年にベルギーツーリングカー選手権で強敵フォードカプリをおさえてシリーズチャンピオンを獲得した。そして'81年オーストラリアのバサースト1000kmレースでは総合3位という輝かしい成績を残している。

　さらにRX7はデイトナ，ルマン，スパフランコルシャン24時間の世界3大耐久レースに挑戦した世界唯一の量産車であると同時に，'81年スパフランコルシャン24時間レースでは，トム・ウォーキンショウ／デュードンヌ組が，ヨーロッパの強豪，BMW530，フォードカプリを相手に，堂々と総合優勝する金字塔を打ち立てたのである。

（9）'82年デイトナ2階級制覇

　1982年のデイトナ24時間レースは,本年より実施されるFIAの新車両規約による最新レーシングカー,いわゆるグループCカーが6台出場した。グループCカーはエンジンの排気量,出力等が無制限で,燃費だけが制限されている一台限りのスポーツカーである。そのような状況の中で,RX7には従来の12A型エンジンより大きい13B型エンジンが搭載され,デイトナに出場したのである。

　レースは総エントリー台数91台がきびしい予選により,グループCとGTX（グループ5）が21台,13B・RX7の属するGTOクラス（排気量2500cc以上）が33台,12A・RX7の属するGTUクラス（排気量2500cc以下）が16台の計70台が決勝レースに進出したのである。13B・RX7のライバルは強豪のBMW-M1,ポルシェ934,924ターボ,そして,大排気量のV8のシボレー・カマロ,コルベットであった。

　国内での試走が充分でないままの出場であったが,日本のトップドライバー3人,片山義美,従野孝司,寺田陽次郎の13B・RX7は予選でも2台のBMW・M1に次いでGTOクラスの3位だった。

　レースは24時間という長丁場,耐久レースでは完走しなければ意味がない。い

〔図43〕
'82デイトナ24時間
レースクラス優勝
のRX7（GTO
クラス）

〔図44〕
'82ルマン24時間レースでピットイン中のRX7・254

まやベテランと呼ぶにふさわしい３人のドライバーはマイペースで走った。スタート直後は総合16位（予選は20位）だったが，大排気量マシン，あるいはターボエンジンのマシンがエンジントラブルなどで次々とリタイアし，次第に順位をあげていった。

　日本人ドライバーの RX 7 は，途中トラブルで若干後退したが，すぐにその遅れをとりもどし，ライバルのポルシェカレラを大きくひきはなして，クラス優勝をとげた。しかも，3.0ℓターボのポルシェ935の３台につづいて，総合でも４位という好成績をあげた。初出場で，しかもたった１台のみの出走でのこの快挙は，ロータリー車の耐久性，ポテンシャルの高さを示すものであった。さらに12Aエンジンの GTU クラス出場の RX 7 も，クラス優勝を飾るとともに，1〜6位までを独占した。

(10)　ルマン24時間完走

　'82年第50回記念のルマン24時間レースは６月19〜20日フランスのルマンで開催された。マツダ RX 7 ・254 はマツダスピード（マツダオート東京）の手により

３度目のルマン挑戦が行なわれた。過去２回出場しいずれも完走できないルマンは，世界のビッグイベントであることはいうまでもなく，日本車にとって，また日本人にとっても未経験のレースであった。２台出場した RX 7・254 は, 13 B エンジンがフルチューンされ，出力は24時間の耐久性能も合せて300馬力に向上されていた。ドライバーは１台が日本人チームの寺田陽次朗，従野孝司，そして，オーストラリアからアラン・モファット，もう１台はイギリス人チームの，トム・ウォーキンショウ，ピーター・ラベット，チャック・ニコルソンの３人であった。

　レースは，50台中29台が600馬力以上の最新マシンであるグループＣがひしめくなか，２台の RX 7・254 はイギリス人チームの１台が13時間目にリタイアしたものの，日本人チームの RX 7・254 は孤軍奮闘し総合14位，クラス６位でルマンを走りきった。そして，第50回という記念すべきこの伝統あるルマンで，13 B 型ロータリーエンジンを搭載した RX 7・254 は日本車として，また日本人ドライバーとして最高の成績をおさめた。

　コスモスポーツにより，ロータリーエンジンがレース活動を始めて以来、絶えずレシプロエンジンと比較され,各種のハンディキャップを背おうという苦しい中で，ロータリーエンジンのレース活動は展開されて来た。その中で，RX 7 というまさにロータリーエンジンが待ち望んでいた専用車を与えられその活動範囲は全世界に及び，これまでの日本車がなし得なかった輝かしい記録を残してきた。'82 年以降，F1A の車両規約変更等レース界の大きな変貌の中で，今後のロータリーエンジンに対する期待は大きく，世界中のモータースポーツファンのためにより一層の活躍が期待されている。

第8章
ロータリーエンジンの今後

ロータリーエンジンの実用化は，ハイピッチでしかも短期間に現在の姿にまで完成されてきた。そして，これまでの成果を土台にさらに円熟していく時期にきている。一方，自動車用エンジンに対する市場の要求も，排出ガス浄化，燃料消費低減はもちろんのこと，低質燃料の使用，小型軽量化など，新たなきびしい要求も出てきており，それぞれこれに対応する新しい技術の研究と開発が行なわれている。ロータリーエンジンも例外ではなく，こうした社会の要求に対応するための新技術の開発が，独特のアプローチで積極的に進められている。本章では，現在研究されているいくつかの新技術について紹介し，今後のロータリーエンジンのバリエーションの方向，可能性について，展望してみたいと思う。

1. 自動車用ロータリーエンジンの展望

(1) 希薄燃焼型ロータリーエンジン 6PI

一般にガソリンエンジンは，燃費を良くしようとすると出力はでにくくなり，また逆に出力を高めようとすると，燃費が悪くなるという性質がある。

この燃費と出力という相反する要求を両立させるための一つの手段として，可変吸気機構のアイデアがあり，研究開発が続けられているが，レシプロエンジンの可変吸気機構はその構造が複雑になることもあり，まだ実用化はされていない。

レシプロエンジンの可変吸気機構に相当する，ロータリーエンジンの可変吸気機構が 6PI（6 ポートインダクション）と呼ばれるもので，作動室の壁が広く，吸入口の設定に自由度が大きいという，ロータリーエンジンの特徴をフルに生かした独特の方式で開発が進められ，先般，レシプロエンジンに先がけ実用化されている。

この 6PI システムは従来の 1 ローターあたり 2 つの吸気ポート（プライマリーポート，セカンダリーポート）に加えて，セカンダリー側にバルブで開閉する補助ポートを設けたもので，2 ローターでは合わせて 6 つの吸気ポートを持っている。

各ポートからの燃料の供給は，エンジンの運転状態によって次の 3 段階に吸気状態が変化する。

　①プライマリーポート

　②プライマリーポート＋セカンダリーポート

　③プライマリーポート＋セカンダリーポート＋セカンダリー補助ポート

補助ポートの中には，一部を切り欠いた円筒状のバルブが挿入され，そのバルブは，排圧で作用するアクチュエーターにより回転させている。アクチュエーターにかかる負圧が高くなる（すなわち高速または高負荷）とバルブが回転し，補助ポートが開放になる。

プライマリーポートは，オーバーラップをなくしダイリューションガス割合（排

出ガスの吸気行程への持ち込み）を減少させるため吸気開時期を従来より遅らせ，さらに，圧縮行程から吸気行程への吹き返しを防止するため，吸気閉時期を早めている。このため，ポートは従来よりも小型になっている。

　従来のエンジンではプライマリーポートを小さくしていくと，高速でのパワーが低下するという障害があり，低速と高速との妥協点にポート面積を設定せざるをえなかったが，6PIでは補助ポートを設けて，パワーを必要とする高速域で多量の混合気を送り込み，高速性能を引き出すようにしているため，プライマリーポートに低速性能を重視した思いきった形状を選ぶことが可能となっている。これにより低速トルク，低速域での着火性が大幅に改善され，さらにポートを絞ったことによる混合気の霧化気化の改善とあわせて従来よりもさらに希薄な混合気で

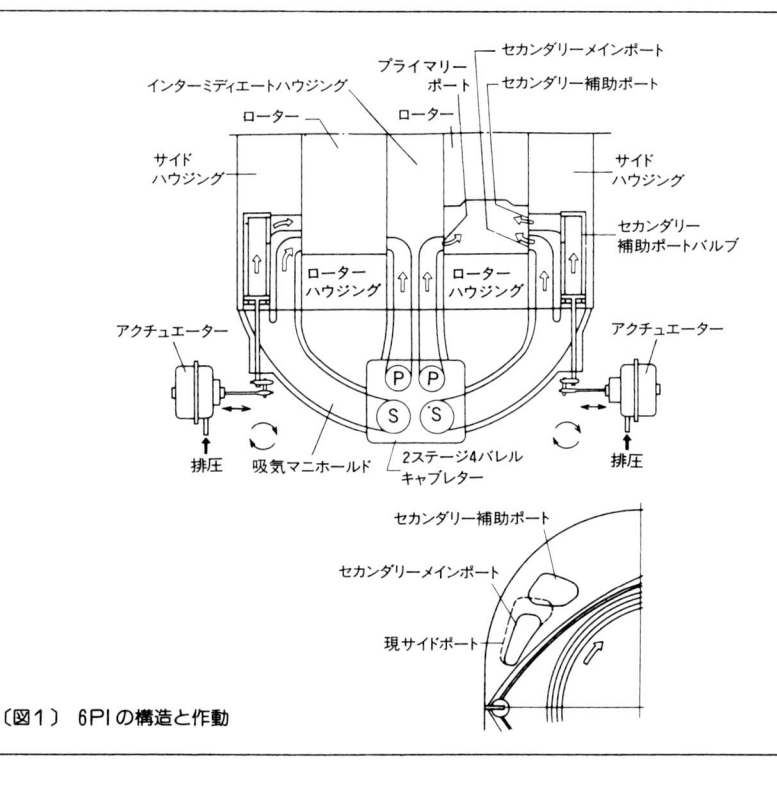

〔図1〕　6PIの構造と作動

〔図2〕
吸気ポートの作動範囲図

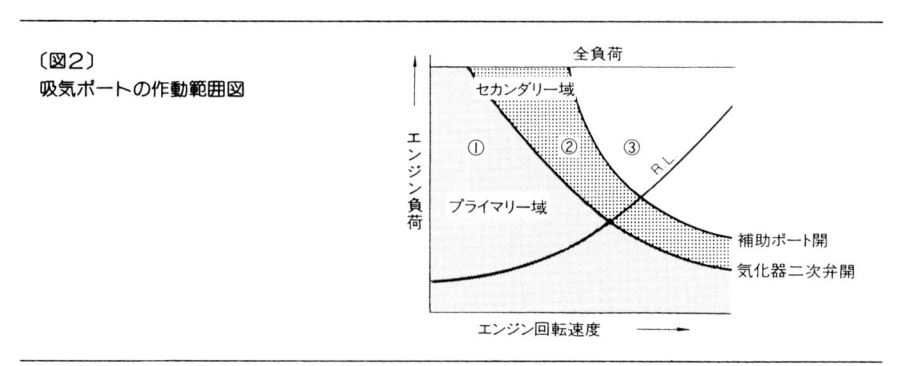

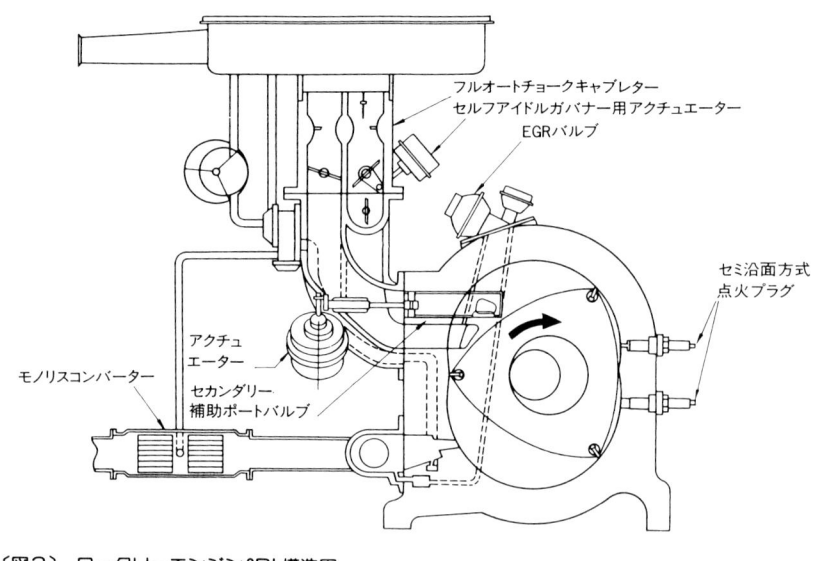

〔図3〕 ロータリーエンジン6PI 構造図

の運転や，アイドル回転を下げることが可能となり，燃料消費が低減されている。

　"希薄燃焼型ロータリーエンジン 6PI"はこれまで説明した 6PI システムのほかに，スパークプラグの改良，触媒コンバーターの改良，EGR システム，フルオートチョークの採用, 8 ビット 1 チップマイコンの導入等多岐にわたり改善がなされている。

(2)　電子燃料噴射式ロータリーエンジン

　燃料噴射方式は一般に制御の仕方で，機械制御式と，電子制御式の2つに大別され，噴射の仕方，噴射する位置によっても分類がなされている。いずれの方式も気化器方式に比較して，燃料供給の量やタイミングをより自由に，しかも正確に制御できるという利点がある。そのため出力特性の向上，燃料消費の低減，排気ガスの浄化などの目的で開発が進められている。

　その中からまず，コンピューターを使用した電子制御方式の一例を紹介する。

　この方式は，コンピューターによりエンジンの運転状態に応じて燃料を制御し，常に最適な燃料を供給することができる。燃料の計量は，基本的にはレシプロエンジンで用いられている方法と同じである。レシプロエンジンでは吸気バルブが燃焼室にあり，バルブが高温になり，これに燃料を噴射することにより気化が促進される。しかし，ロータリーエンジンの吸気系にはそのような高温部がなく，またそのような高温部を設けることも困難なため，吸気管の形状，噴射ノズルの取付け位置，ノズルの改良などにより，燃料の微粒化や気化が促進されるような配慮が必要になる。今回の例では，燃料噴射ノズルは，急加速した時にも燃料を直ちに燃焼室に送り込めるような位置が選ばれ，吸気管の一部に取付けられ，さらに噴射弁の周囲から一部の空気を供給して燃料と衝突させ，細かい霧状に分解させる方法がとられている。

　その他にもいろいろな方式が開発されている。アウディ NSU 社(西ドイツ)で

〔図4〕
電子燃料噴射式ロータリーエンジン例

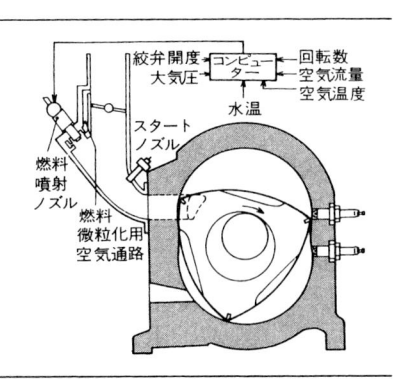

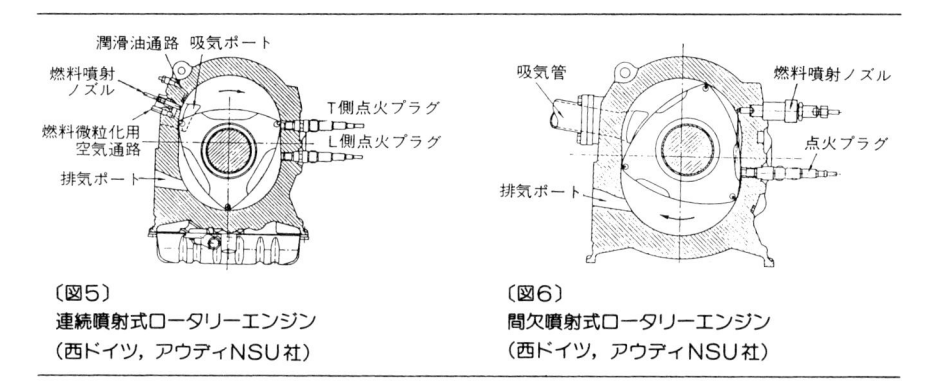

〔図5〕
連続噴射式ロータリーエンジン
（西ドイツ，アウディNSU社）

〔図6〕
間欠噴射式ロータリーエンジン
（西ドイツ，アウディNSU社）

開発されている例では，作動室内に直接燃料を噴出する方式である。連続噴射式では，エンジンの圧縮圧力が噴射ノズルにかからないように，ロータリーエンジンの吸入行程位置にある部屋に噴出する構造となっている。また間欠噴射式では，圧縮行程位置にある部屋に燃料を噴出する構造をとっている。この場合は，エンジンの圧縮圧力に打ち勝つ噴射圧力が必要で，今回の例では，圧縮行程位置でタイミングをとって噴射する高圧の間欠噴射式になっている。

　ロータリーエンジンではこのように噴射ノズルの取付け位置，噴射方向などの選択の自由度がレシプロエンジンに比較してはるかに大きく，ロータリーエンジンの燃料噴射方式は，後述する層状給気式ロータリーエンジンとも関連し，数多くの方式が研究されている。

(3)　層状給気式ロータリーエンジン

　層状給気エンジンは，燃焼室の点火プラグ付近に着火しやすい濃い混合気を集め，その周囲の混合気を薄くして，燃焼室全体として適度に薄い混合気を用いようとするものである。

　このように全体として混合気を薄くし，濃い混合気と薄い混合気を層状化した場合は，エンジンに吸入される空気の量が増大し吸気管負圧も小さくなるため，ダイリューションガス割合（排出ガスの吸入行程への持ち込み）が減少し着火性の向上と，吸気抵抗損失（ポンプ損失）が低減するという2つの効果が相乗して，燃

料消費の低減，運転性の改善ができる。また供給した燃料を，多量の空気でより完全に燃焼させることができるため，HC や CO などの燃え残りの有害成分の排出が減少し，さらに濃い部分と薄い部分の 2 層の混合気条件下で燃焼させることにより，燃焼温度が低くなり，NO_xの生成をおさえることができる。

このように，層状給気方式は互いに相反する要求を同時に満足させる，有力なエンジンとして注目を集めているが，ロータリーエンジンにおいても種々の層状給気方式の研究が進められている。

一般に，層状混合気の作り方としては，燃焼室内の気流中で層状化をはかる方法と，予燃焼室を設け，そこを濃混合気とし，主燃焼室を薄い混合気とする方法の 2 つの考え方がある。ロータリーエンジンは，吸排気ポートの開閉が，ローターの回転によって自動的に行なわれる，また作動室が一定方向に回転移動することなど，レシプロエンジンとはかなり相違点があり，独特の工夫がなされている。以下に，現在研究が進められているいくつかの具体例を紹介する。

① 2 層吸気方式

トヨタ自動車工業で開発されている SCRE（Stratified Charge Rotary Engine）は，ペリフェラル（円周側）吸入口から濃い混合気を入れ，それより少し遅れて開閉するサイド吸入口から空気のみを供給し，燃焼室の中央部及び進み側に着火しやすい混合気を，両サイド及び遅れ側には薄い混合気を形成し層状化をはかっている。この方式は，2 つの吸気口から別々に濃度の違う混合気を入れることにより，一般に 2 層吸気方式と呼ばれている。

〔図7〕
SCRE（トヨタ自動車工業）

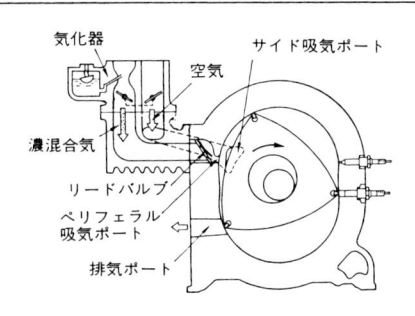

② ROSCO システム

東洋工業で開発されている ROSCO（Rotating Stratified Combustion）システムは軽負荷時には，ペリフェラル吸入口だけから空気を吸入させ，燃料はこの噴流中にタイミングをとって噴射する。噴射された燃料は，空気によって細かい粒子に分解されながら燃焼室の進み側に運ばれ，進み側に濃い混合気，遅れ側に薄い混合気を形成する。高負荷時には，ペリフェラル吸入口だけでは吸入空気が足りなくなるため，サイド吸入口からも多量の空気を吸入し高出力を得ている。

以上の他にも，カーチスライト社の方式，東洋工業で開発されている予燃室を設けこれに燃料を噴射して濃い混合気をつくる SCP（Stationary　Combustion

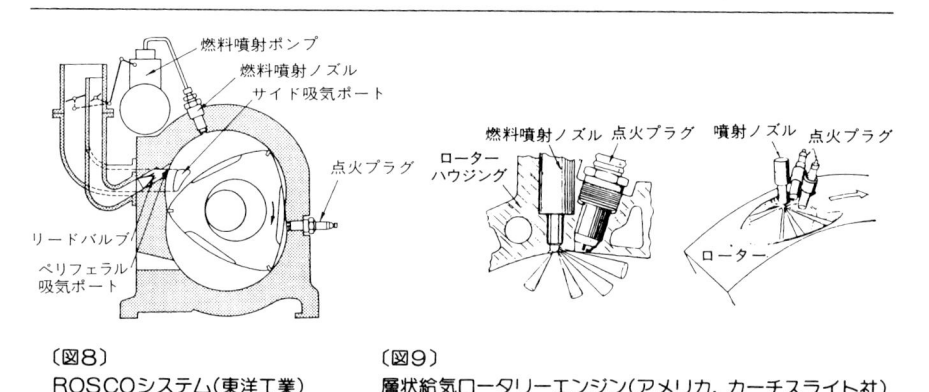

〔図8〕
ROSCOシステム（東洋工業）

〔図9〕
層状給気ロータリーエンジン（アメリカ，カーチスライト社）

〔図10〕
SCPシステム（東洋工業）

〔図11〕
PDIシステム（西ドイツ，アウディNSU社）

Process) システム，アウディ NSU 社で開発されている，点火プラグのすぐ近くに少量の燃料を噴射し濃い混合気をつくる PDI（Partial Direct Injection）システム等，数多くの方式が研究されている。

(4)　過給式ロータリーエンジン

　過給（スーパーチャージ）とは，空気または混合気を加圧してエンジンに吸入させるもので，エンジンに吸入される混合気が増え，出力を増大させることができる。このため，レシプロエンジンでは，レース用あるいは大型トラック用ディーゼルエンジンに馬力を上げる手法として用いられてきている。さらに最近では，小排気量エンジンの乗用車でも過給で出力が上がった分をより高速用のギア比を用いて，低い回転数を使用し低中速運転時の燃費改善をはかる方法が採用され，また高出力が要求される時は，過給によって大排気量なみの出力がだせることが注目され一部で採用されてきている。

　ロータリーエンジンはもともと高回転域まで滑らかに立上がる特性を持っているので，過給をすれば燃料消費の低減と同時に，さらにロータリーフィーリングを生かすことができる。

　吸気を加圧する方法としては，排気エネルギーでタービンを回し，遠心式圧縮機を駆動する"排気ターボ方式"と，出力軸の回転力で容積型圧縮機を駆動する"エアポンプ方式"があるが，前者の方式は先般世界初のロータリーターボエンジンとして実用化されている。

　また，後者については現在研究開発が進められているが，この両方式について以下に代表的な 2 つの過給ロータリーエンジンを紹介する。

①排気ターボ方式

　排気ターボ方式はこれまで大気中に無駄に捨てられていた排気エネルギーを回収して，出力増加に利用するもので，基本的にはレシプロエンジンの方式と同じである。しかしロータリーエンジンの場合は，レシプロエンジンの排気バルブのような障害物がないため，排気エネルギーを排気タービンに効率良く与えることができる。つまり効率の良いターボ過給が行なえるという大きな特徴があるとい

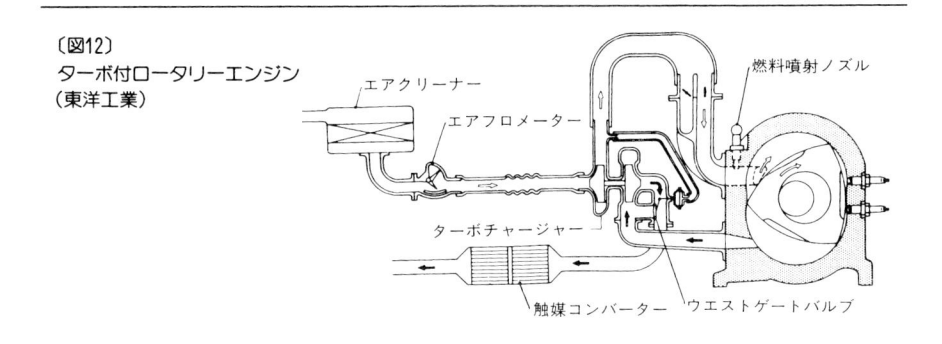

〔図12〕
ターボ付ロータリーエンジン
（東洋工業）

エアクリーナー
エアフロメーター
燃料噴射ノズル
ターボチャージャー
触媒コンバーター
ウエストゲートバルブ

える。

　ロータリーターボエンジンの例では，この特徴を最大限に生かし，高性能エンジンを実現させている。

② TISC システム

　東洋工業で開発されている，エアポンプ方式は TISC（Timed Induction with Super Charge）システムといわれている。

　排気ターボ方式では，一般に低回転側の出力増加が小さい傾向があるが，TISCシステムは，低回転から十分な出力増加を得ることを目的としたものである。エンジンが自然に混合気を吸入した後に，ロータリーバルブでタイミングをとって，小型のエアポンプで加圧した空気を別の入口から供給する。吸気の加圧は，出力軸からベルトで駆動されるエアポンプで行なわれる。

　この方式は，ロータリーエンジンには吸気弁がなく，しかも作動室が回転移動し，吸入行程と爆発燃焼行程が別の位置で行なわれるという特徴をフルに利用したもので，ロータリーエンジン独特の方式といえる。またエアポンプはエンジンが吸入する空気の一部を加圧するだけのため，それを駆動する抵抗は非常に小さくてすみ，小型のエアポンプで十分である。

　また，エンジン出力軸よりベルト駆動されるため，ターボによる過給に比べ非常に応答性が優れたものになる。排出ガス再燃焼用２次エアを供給するエアポンプをすでに持っている場合は，そのエアポンプを過給用ポンプとして用いること

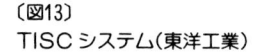

〔図13〕
TISCシステム（東洋工業）

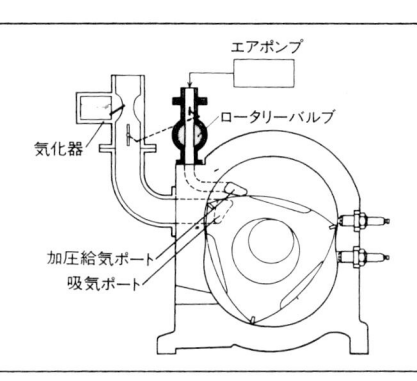

もでき，大変シンプルな過給エンジンになるといえる。

　このように，過給式ロータリーエンジンについてもロータリーエンジンの特徴を生かした独特な方式の研究開発が行なわれている。

(5)　ディーゼルロータリーエンジン

　ディーゼルエンジンは低質燃料が使用でき，しかも燃料消費が少ないという特徴を持っているので，ロータリーエンジンのディーゼル化の研究も行なわれている。

　ロータリーエンジンをディーゼル化する上での第1のポイントは，ディーゼルサイクルに必要な高いエンジンの圧縮比をどのようにして得るかということである。

　ロータリーエンジンの圧縮比は，前述したように，トロコイド定数とローターリセスの容積により決まり，トロコイド定数の大きいトロコイドと容積の小さいローターリセスを組み合わせれば高い圧縮比を得ることができる。しかし，1段階だけの圧縮で十分な圧縮比を得ようとすれば，上死点での作動室は浅く細長いものになってしまい，適正な燃料の分布と燃焼を得ることができない。

　そこで現在研究されているのが，2段階の作動で高圧縮比を得ようとする方式である。

　この方式の代表例が，ロールスロイス社で開発されている2段作動式ディーゼ

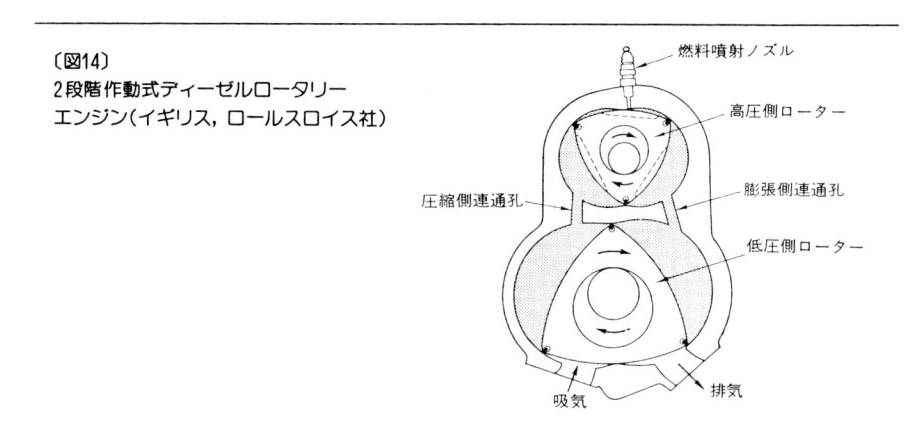

〔図14〕
2段階作動式ディーゼルロータリー
エンジン（イギリス，ロールスロイス社）

（図中のラベル）
燃料噴射ノズル
高圧側ローター
膨張側連通孔
圧縮側連通孔
低圧側ローター
吸気
排気

ルロータリーエンジンである。この構造は，上下2つのローターがギアで連結されて，同一方向に同一速度で回転するようになっている。上段の一方は小型になっていて，ここで点火と初期の爆発を起こさせ，もう一方の大型のユニットは，主燃焼と第1段階の吸気を行なわせており，全体として高圧縮比を得ることができる。

　2段階作動のロータリーエンジンは，1段階作動のものに比べると構造が複雑になり，重量や容積も増加するが，それでもレシプロのディーゼルエンジンと比較した場合には，重量，コンパクトさ，振動，騒音などについてのロータリーエンジンの優位性を保持しているといえる。

(6)　多ローターロータリーエンジン

　ロータリーエンジンの開発初期の段階は，1ローターロータリーエンジンで開発が進められたが，基本的にはこれでも十分運転可能であった。しかし，自動車用エンジンとして育成していく上で要求される出力特性や運転性を満足させるためには，2ローターエンジンのほうがすぐれていることがわかり，1ローターのユニットを直列に配置した2ローターロータリーエンジンが開発された。

　ロータリーエンジンの構造上の特徴から，1ローターユニットを直列につなぐことにより，比較的容易に多ローター化を実現することができる。多ローター化

〔図15〕
分割型出力軸

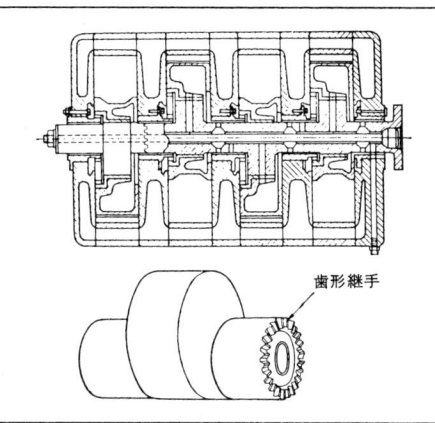

歯形継手

〔図16〕
4ローターロータリー
エンジン
（東洋工業）

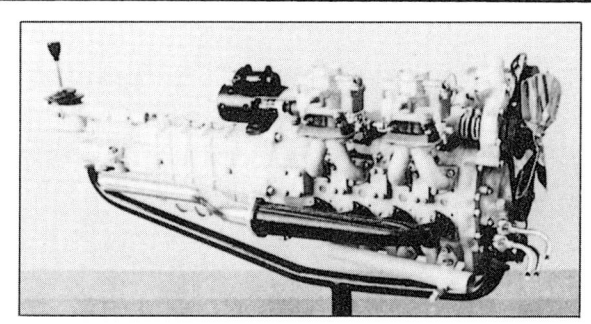

による利点は次の4つがあげられる。

　①総排気量を増して出力を向上させる。

　②トルク変動を小さくする。

　③慣性力や慣性偶力のつり合いを容易にする。

　④同一排気量の場合，許容回転数を高める。

　このように，ロータリーエンジンの多ローター化の方向は，ロータリーエンジンの多用化を考える上で興味深く，いろいろな形で研究が進められている。

　3ローター以上の直列多ローターエンジンの例では中央部のエンジンユニットにも固定歯車を取付け，さらに偏心部の中間部にも主軸受を設ける必要があり，組立て上の理由により，主軸受及び固定歯車は半割り構造にし出力軸を分割構造に

する方法がとられている。

　また，2ローターロータリーエンジンを一つのユニットとし，それを並列に配置して歯車で連結した多ローターロータリーエンジンも研究されている。

2.自動車用以外への応用例

　ロータリーエンジンは軽量，コンパクト，振動騒音が少ないことなどの特徴から，自動車用エンジンとしてだけでなく，さまざまな分野で魅力的なエンジンとして早くから注目され，それぞれの用途に応じたいろいろなロータリーエンジンが開発されてきており，一部は実用化されている。ここでは，こうしたロータリーエンジンの自動車用以外への応用例のいくつかを紹介したい。

(1)　自動二輪車

　振動の少なさ，力強さなどで，ロータリーエンジン特有のフィーリングが得られることから，ロータリーエンジンは自動二輪車にも応用されている。コモータ社(ルクセンブルグ)では，500cc×2ローターのロータリーエンジンを搭載した高性能自動二輪車が開発されている。この他にも，ヘラクレス社（西ドイツ）で自動二輪車へのロータリーエンジンの適用がはかられている。

〔図17〕
自動二輪車500cc×2ローター
（ルクセンブルグ, コモータ社）

〔図18〕
スノーモビル 530cc×1ロー
ター（アメリカ, アウトボー
ドマリーン社）

〔図19〕
モーターボート Ro-135
（西ドイツ, アウディー
　NSU社）

(2)　スノーモビル

　高性能で快適な運転性が得られることから，ロータリーエンジンはスノーモビルにも応用されている。アウトボードマリーン社（アメリカ）では 530cc×1 ローターのロータリーエンジン搭載のスノーモビルが開発されている。その他にもザックス社（西ドイツ）でスノースクーターへのロータリーエンジンの適用がはかられている。

(3)　高速艇および船外機

　高性能化の要求はモーターボートにおいてもあり，高性能ロータリーエンジン

214

〔図20〕
船外機 RM-28, 330 cc×1ローター
（ヤンマーディーゼル）

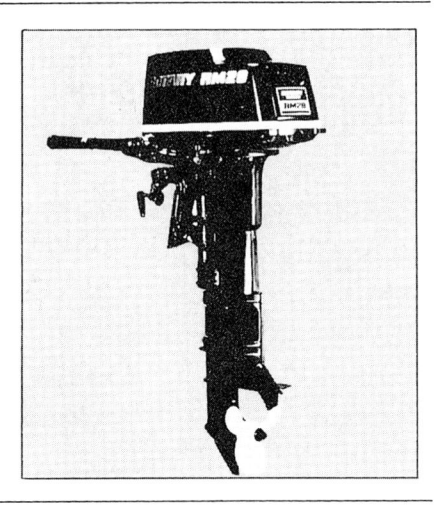

はモーターボートにも応用されている。アウディNSU社（西ドイツ），アウトボードマリーン社（アメリカ）では，レーシング用のモーターボートにロータリーエンジンを搭載している。これらの高速艇は，すでに数多くのレースで栄冠に輝いている。またアウディNSU社（西ドイツ）では，水上スキーけん引ボートにもロータリーエンジンを適用している。

　通常の2サイクルレシプロエンジンよりもコンパクトで燃費も少なく，高性能と快適さが得られるために，ロータリーエンジンは船外機にも応用されている。ヤンマーディーゼル（日本）では，330cc×1ローター，330cc×2ローター等の高性能船外機が開発されている。

⑷　軽飛行機，ヘリコプター
　軽量，コンパクトで高出力のロータリーエンジンは軽飛行機やヘリコプターにも応用されている。
　ロッキード社（アメリカ）では"QRCスター"，セスナ社（アメリカ）では"カーディナル"，ライン航空機社（西ドイツ）では"D-EJFL"というロータリーエンジン搭載の軽飛行機が開発されている。

　また，ヒューズ社(アメリカ)では，カーチスライト社製のロータリーエンジン
をヘリコプターに搭載している。このヘリコプターはアメリカ空軍の練習機とし
て使用されている。

(5)　はん用，工業用エンジン他
　小型，軽量で持ち運びに便利なことから，ロータリーエンジンは，発電機，消
火用ポンプ，農業用機械などのパワープラントとしても広く応用されている。

〔図21〕
軽飛行機，カーディナル
(アメリカ，セスナ社)

〔図22〕
ヘリコプターTH-55
(アメリカ，ヒューズ社)

〔図23〕
芝刈機(アメリカ,カーチス
ライト社)

〔図24〕
産業用エンジン41ℓ×2ロ
ーター(アメリカ, インガソ
ルランド社)

〔図25〕
チェーンソー60cc×1ロー
ター(ヤンマーディーゼル)

〔図26〕
はん用エンジン160cc×1ローター
（西ドイツ，フィヒテル＆ザックス社）

〔図27〕
模型飛行機用エンジン5cc×1ローター
（小川精機）

　フィヒテル＆ザックス社（西ドイツ）では，160cc×1ローターのはん用エンジン
が開発されている。その他にも，アウディNSU社（西ドイツ）では消防用ポンプ
駆動用に，カーチスライト社（アメリカ）では芝刈機駆動用に開発されている。

　また，ロータリーエンジンの構造が簡単で大型化も容易であり，レシプロエン
ジン，ディーゼルエンジンよりもコンパクトにできるという特徴を生かし，コン
プレッサーやポンプの駆動用の大型パワープラントとしてもロータリーエンジン
は応用されている。インガソルランド社（アメリカ）では，41ℓ×2ローターの超

大型の産業用ロータリーエンジンが開発されている。

　振動がきわめて少ないということで，白ろう病などの職業病の防止効果が期待され，ロータリーエンジンはチェーンソーにも応用されている。ヤンマーディーゼル（日本）では，60cc×1ローターの小型のロータリーエンジンを組み込んだチェーンソーが開発されている。

　模型飛行機用エンジンとしてもロータリーエンジンは応用されている。小川精機（日本）ではこれまでに開発された最も小型のロータリーエンジンとして，5cc×1ローターの模型飛行機用ロータリーエンジンが開発されている。

参考文献の紹介

　本書はこれまで約 20 年の開発の歴史をきざんできたバンケルロータリーエンジンについての基礎知識を広い範囲にわたって提供し，正しい理解を深めてもらうことを主眼に書いた。このため，むずかしい理論は極力さけ，ロータリーエンジンに関する基本的なことがらについて，わかりやすく説明することを第一とした。ロータリーエンジンに興味を持たれ，もっと詳しく知りたいと思われる方々は，専門書もでているので，以下にその主なものをあげておく。

『ロータリーエンジン』　山本健一編　日刊工業新聞（昭和 44 年）

『ロータリーエンジン，ガスタービン』自動車工学全書 No.6　（監修）五味努　山海堂（昭和 55 年）

『入門ロータリー機関設計法』　R.F.アンスデール（著）工学博士 大道寺達（訳）　工学図書株式会社（昭和 48 年）

『ロータリーエンジン』　W.D.ベンジンガー（著）　北川健一（訳）　工学図書株式会社（昭和 50 年）

『Zur Geschichte der Rotation Skolbenmaschinen』　F.Huf　Automobil Revue No.49

『ROTARY PISTON MACHINES』　F Wakel　London Iliffe Book Ltd.

『自動車用ロータリーエンジン』　大関博　応用機械工学第20巻第13号（昭和54年12月）

『希薄燃焼型ロータリーエンジン』　大関博　内燃機関第 19 巻 3 号（昭和 55 年）

『ロータリーエンジン技術の現状と将来』　大関博,山口卓壮　自動車技術 Vol. 35, No.2（1981年）

『Fuel Economy Improvement of Rotary Engine by Using Catalyst System』 Kenji Shimamura and Tomoo Tadokoro　SAE Paper 810277（1981年）

あとがき

　どんな場合でも，これまでの既成概念を打破するような革新的な技術を実用化する時，そこには生みの苦しみと同時に，孤独感と未知への不安に耐えて，守り育てていく苦しみがある。ロータリーエンジンもこの例に洩れず，期待と不安の中で，懸命にロータリーエンジンを育て走りつづけてきた。そしていま，ようやく20年をむかえ，ロータリーエンジンもなんとか市民権が与えられるようなところまで成長し，世の中にその存在価値が認められるようになったと感じられる。

　これからのロータリーエンジンに，どんな新しい試練が待ちうけているかはだれにもわからない。しかし，不可能を可能にしてきた先人達の後をつぐ若い技術者達はいま，"成功への鍵はねばり強い執念と，絶えまざる努力にかかっている"ことを肝に銘じ，新しいロータリーエンジンの育成にむけて，その第1歩を踏みだしたところである。

　この時期にちょうど，山海堂のオートテクニック誌の前編集長で，グランプリ出版を興された尾崎桂治氏より，東洋工業広報室藤山哲男氏を経由して，本書の執筆の依頼があり，非常に意義のあることと感じ，私達としてもロータリーエンジン20年の開発の区切りをしたいと考えていたところであり，非才を省りみず引受けることにした。

　しかし，このようにまとまった文章を書くのははじめての経験であり，筆は遅々として進まず，原稿執筆に手まどり，尾崎氏には多大のご迷惑をおかけしたが，この間懇切丁寧な助言をいただき，なんとかここまでこぎつけることができた。ここに改めて，同氏に深く感謝をしたい。

　また本書の執筆にあたり，東洋工業㈱広報部，及びエンジン開発部エンジン管理課新貝隆二氏，内山芳雄氏，旦昌介氏の各氏に資料の提供や，貴重な助言をいただいた。厚くお礼申し上げたい。

　昭和57年2月

大関　博

著者紹介

大関　博（おおぜきひろし）
昭和15年大分県生まれ。昭和38年東洋工業㈱に入社，一貫してロータリーエンジンの設計開発業務に従事。ロータリーエンジン研究部の発足以来のメンバーとして，数多くの開発を経験している。

柴中　顕（しばなかあきら）
昭和12年山口県生まれ。昭和38年東洋工業㈱に入社，ロータリーエンジンの実験業務を経て，ロータリーエンジン本体，レース用エンジンの設計開発業務に従事。

磯村定夫（いそむらさだお）
昭和23年山口県生まれ。昭和45年東洋工業㈱に入社。ロータリーエンジンの吸気系の設計開発業務を経て，反応系，排気系の設計開発業務に従事。

田窪博一（たくぼひろいち）
昭和25年愛媛県生まれ。昭和48年東洋工業㈱に入社。ロータリーエンジンの回転系，ハウジング系の設計開発業務に従事。

本田泰夫（ほんだやすお）
昭和26年栃木県生まれ。昭和48年東洋工業㈱入社。ロータリーエンジンの調査業務を経て，反応系，排気系の設計開発業務に従事。

船本準一（ふなもとじゅんいち）
昭和28年熊本県生まれ。昭和46年東洋工業㈱に入社。ロータリーエンジンの冷却系設計開発業務を経て，ハウジング系，回転系の設計開発業務に従事。

山本修弘（やまもとのぶひろ）
昭和30年高知県生まれ。昭和48年東洋工業㈱に入社。ロータリーエンジンの冷却系の設計開発業務を経て，レースエンジンの設計開発業務に従事。

ロータリーエンジンの20年

開発初期の経緯とその技術的成果

2018年6月26日　初版発行

監　修	大関 博
著　者	大関 博、柴中 顕、磯村定夫、田窪博一、本田泰夫、船本準一、山本修弘
発行者	小林謙一
発行所	**株式会社グランプリ出版** 〒101-0051　東京都千代田区神田神保町1-32 電話 03-3295-0005㈹　FAX 03-3291-4418 振替 00160-2-14691
印刷・製本	モリモト印刷株式会社

ISBN-978-4-87687-357-9　C2053

グランプリ出版の刊行書

マツダ・ロータリーエンジンの歴史
GP企画センター 編

1967年、マツダがコスモスポーツに搭載し、世界で唯一乗用車での実用化と量産に成功したロータリーエンジン。本書では、1960年代から2003年のRENESISに至るまで、マツダの技術陣によるロータリーエンジン開発の苦難と栄光への軌跡とともに、ロータリーエンジンのメカニズムを、多数の写真・図版とともに紹介する。歴代ロータリーエンジン搭載車やレース活動もあわせて掲載。

定価：本体2000円＋税

A5判／237頁／978-4-87687-353-1

エンジン用材料の科学と技術
山縣 裕 著

エンジンのメカニズムと素材（材料）との関係を、わかりやすく解説する。省資源の観点からもますます重要になるエンジン用の材料について、材料技術や生産技術の開発ポイントを基礎から学べる。材料学や機械工学の学生、また興味のある方へ、機械構造に使われる一通りの材料技術を、実務経験者が高レベルで伝授する。電気自動車など次世代動力源の開発者にとっても、また大学での教科書や副読本としても最適の書。

定価：本体2800円＋税

A5判／240頁／978-4-87687-348-7

自動車用ガソリンエンジンの設計
石川義和 著

ガソリンエンジンは実用性の高さから、当面、その地位は揺るがないと考えられる。本書では、メーカーのエンジン設計者として30機種を超える新型ガソリンエンジンを開発した著者が、基本設計に的を絞り、独自の設計・開発力を習得する技術を多数の図版を用いて徹底的に解説する。実践的な思考手法も詳細に学ぶことができる、類書のない書籍。プロを目指す学生や、若手エンジニア待望の書。

定価：本体4000円＋税

A5判／304頁／978-4-87687-342-5